全民经典阅读

U0308342

周义——主编

自尊自爱

——从不屈不挠到自强不息

成都地图出版社
CHENGDU DITU CHUBANSHE

图书在版编目（CIP）数据

自尊自爱：从不屈不挠到自强不息 / 周义主编 .
成都 : 成都地图出版社有限公司 , 2024.7. --ISBN
978-7-5557-2556-5

Ⅰ. B821-49

中国国家版本馆 CIP 数据核字第 20246UU921 号

自尊自爱——从不屈不挠到自强不息

ZIZUN ZIAI——CONG BUQU-BUNAO DAO ZIQIANG-BUXI

主　　编：周　义
责任编辑：陈　红
封面设计：李　超

出版发行：成都地图出版社有限公司
地　　址：四川省成都市龙泉驿区建设路 2 号
邮政编码：610100

印　　刷：三河市人民印务有限公司
（如发现印装质量问题，影响阅读，请与印刷厂商联系调换）

开　　本：710mm×1000mm　1/16
印　　张：10　　　　　　　字　　数：140 千字
版　　次：2024 年 7 月第 1 版
印　　次：2024 年 7 月第 1 次印刷
书　　号：ISBN 978-7-5557-2556-5

定　　价：49.80 元

前　言

一个人希望得到他人的尊重和关爱，就必须首先学会自尊自爱。自尊，就是尊重自己，维护自己的尊严和人格；相信自己，遇事不轻易放弃、不轻易退缩。自爱，就是在日常生活中要爱惜自己，接受真实的自己，喜欢真实的自己，在适当的时候懂得理解自己、宽容自己。

一个人活在世上，第一重要的，就是做一个自尊自爱的人。做好一个人，比做成某件事、与某个人交上朋友重要得多。当然，也并不是说做人与做事或交友是分开的、独立的。做人实际上是蕴含在两者之中的，是透过做事、与人交往综合体现出来的。

一个人会做事并不代表其做人也必是成功的。我们评价一个人，不能只看他成功与否，还要看他是怎么做事的以及做事的态度如何。

在与人的交往中，孔子最强调一个"信"字。待人诚实无欺，最能反映一个人的光明磊落。一个朋友遍天下的人，只要他对其中一个朋友背信弃义，那么他同样会背叛其他的朋友，只要他认为是必要的。失信于朋友、背弃朋友只能满足一时私欲，但却是一个人做人最大的失败。

一个人活着，最重要的不是幸福或是不幸，而是无论幸福还是不幸，都要保持做人的正直与尊严。自尊自爱于人生十分重要。知道自尊自爱的人，就会生活得多姿多彩，让人仰慕，令人敬重。而不懂自尊自爱的人，就只会被人瞧不起。自尊自爱是为了建立和维

护自己的尊严，一个自尊自爱的人是有理想、有抱负、有气节、有人格、有个性、有主见、有毅力的人。知道自尊自爱的人，就有做人的自觉性，他们的所作所为既不是做给别人看的，也不是别人逼出来的，而是一种发自内心的高尚精神，无论是在别人跟前还是自己独处的时候，都不会做出一件卑劣的事情。

在自尊自爱上，人们有着不同的认识和不同的表现。有的人以自尊自爱为人生的首要原则，注重维护自己的尊严，甚至将人格与尊严看得比生命更重要。"士可杀不可辱""宁为玉碎，不为瓦全""三军可夺帅也，匹夫不可夺志也""宁可站着死，决不跪着生"，这些都是自尊自爱者所发出的铮铮宣言。而有的人却忽视自尊自爱，他们为了满足私欲而出卖灵魂，昧着良心溜须拍马、阿谀奉承、献媚钻营、捧上欺下、损人利己。相比之下，自尊自爱的人显得尊贵和高尚，而抛弃自尊自爱的人显得卑微和渺小。

一个有尊严、有人格的人，不会轻易去侮辱别人。因为当他侮辱了某个人的同时，也等于侮辱了他自己。

在人生拼搏的道路上，正因为有自尊自爱这盏明灯的指引，我们才不至于迷失人生的方向，误入歧途。在学习中，作业不抄袭，考试不作弊；在生活中，不骄奢淫逸，不拜金挥霍……这一点一滴看似平常的举动，正是自尊自爱在细微处的闪光。

自爱，使你端庄；自尊，使你高雅。愿大家都能成为自尊自爱的人、受人尊敬的人。

目　录

第一章　廉洁自律

第四章　自强不息

第一章

廉洁自律

廉洁自律的孙叔敖

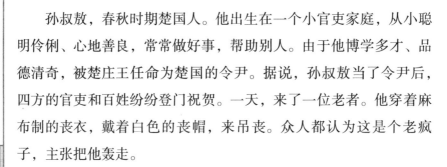

仰不愧于天，俯不怍于人。

——〔战国〕孟子

孙叔敖，春秋时期楚国人。他出生在一个小官吏家庭，从小聪明伶俐、心地善良，常常做好事，帮助别人。由于他博学多才、品德清奇，被楚庄王任命为楚国的令尹。据说，孙叔敖当了令尹后，四方的官吏和百姓纷纷登门祝贺。一天，来了一位老者。他穿着麻布制的丧衣，戴着白色的丧帽，来吊丧。众人都认为这是个老疯子，主张把他轰走。

"不能如此，不能如此。"孙叔敖劝阻大家说，"他既然如此怪异，其中必有缘故。今天不管是谁，来到府上都是客人。"说完，他整理好衣冠，把老者请到了厅内，恭敬地向老者施了一礼，诚恳地向老者说："请问老者，大家都来祝贺，只有您来吊丧，难道您有什么话要教导我吗？"

只见那位老者一板一眼地说："我有三言，请君切记：当了大官而傲慢无礼教训他人者，人们就会唾弃他；职位很高而独断擅权、玩弄权术者，国君就会厌恶他；享受的俸禄已经很多，仍贪心不足者，众人就会躲避他。"

孙叔敖听了这番话，赶忙给老者作揖行礼，请他多加教海。

老者接着说："地位越高，态度越谦虚；官职越大，而不独断擅权；俸禄已经很多了，就不要再索取了。你若能坚守这三条为官的原则，就可以治理好楚国了。"说完，他便飘然而去。

孙叔敖听完老者的话，心里敬佩不已。他上任后，帮助楚庄王改革制度，整顿吏治，训练军队，又组织民众拓荒种地，开挖河渠，努力发展生产。不久，楚国很快富强起来了。《史记》中记述了当时楚国的繁荣景象："上下和合，世俗盛美，政缓禁止，吏无奸邪，盗贼不起……民皆乐其生。"楚庄王因得到这样一个好令尹，心里也痛快得很。但是，没过多久，孙叔敖在繁忙的政务中积劳成疾，一病不起。楚庄王征集了楚国最有名的医生为他医治，也未能见效。

孙叔敖临终前，把儿子孙安叫到床前，嘱咐他说："我知道你没有治理国家的才能。我死后，你千万不要做官，还是回老家务农去吧！如果大王要封赏土地给你的话，千万不要接受好的地方，就把那块没人要的寝丘要来就可以了。我已写好了奏章给大王，我死后，你把它递上去。"

孙叔敖去世后，他的儿子孙安遵嘱把奏章呈送给楚庄王。楚庄王一看，上面除了有关内政、外交、经济、年事和爱护百姓、奖励耕织的许多建议外，还写了这样一段话："靠着大王的信任，使我这样一个普通的乡下人居然做了楚国的令尹。尽管我十分努力办事，但也报答不了大王的恩宠。现在，我要离大王和楚国而去了。我有一个儿子，但他没有治理国家的才能。我恳求大王不要留他做官，让他回到家乡去生活，这就是对他很好的照顾了。"

楚庄王一边看着奏章，一边流泪。看完奏章，他痛心疾首，冲着天上喊："苍天啊！你为什么要夺走我的股肱之臣？"他要孙安留在身边当大夫。孙安坚持说要遵照父亲的嘱咐，回家乡去。楚庄王一再挽留不成，只好答应了。也许是楚庄王觉得孙叔敖做了多年令尹，家里生活不会有问题；也许是由于他过分悲痛，把孙安今后如何生活的事忘了。他答应了孙安的请求后，就再也没有提起过如何安排孙叔敖家人今后的生活了。

孙安回到家乡后，生活艰难，只得靠打柴为生。过了很久，还是靠着孙叔敖生前的好友优孟用了让孙叔敖"复生"之计，才得以使楚庄王了解了孙安的困境。

楚庄王要请孙安做官。孙安仍表示要坚持遵照父亲的意思，不愿做官。楚庄王说："不做官，就封给你一座城吧！"孙安无论如何也不要。楚庄王只好说："你什么都不要，我心里如何过意得去呢？天下人也要骂我的。"孙安听了，说："既然这样，就请大王把寝丘那块地封给我吧！"楚庄王说："寝丘是块没人要的废地呀！"孙安说："这不是我要求的。父亲临终前就是这样交代的，我怎么能自作主张更改呢？"

最后，楚庄王叹息了一声，只好答应了孙安的请求，把寝丘封给了他。

司马迁拒受玉璧

> 做人不可有傲态，不可无傲骨。
>
> ——〔清〕陆陇其

司马迁是我国伟大的史学家、文学家和思想家。汉武帝在位期

4

间，司马迁在朝中任太史令。

一日，司马迁正在书居中翻阅史书，忽然家仆来报说门外有客人求见。他急忙放下手中的书，示意有请。不一会儿，一位家仆打扮的人走进屋来，只见那人从怀中取出一封信和一个精致的小盒子递给司马迁。他打开信一看，原来是大将军李广利写的。

这时，司马迁的夫人和女儿妹娟走了进来。妹娟好奇地打开那个小盒子。只见里面放着一块晶莹剔透、光彩夺目的玉璧，她不禁脱口赞道："这真是稀世之宝啊！"

司马迁闻声，也不由自主地接过玉璧，翻来覆去地玩赏着，嘴里也赞叹道："是啊，如此圆润，这般光洁，真可谓白璧无瑕啊！"

站在一旁的夫人见此情景，开口问道："莫非大人想要收下此玉？"

司马迁笑笑说："便是收下又能怎样？而今送礼受贿已成风气，朝廷内外、举国上下，两袖清风者又有几个？"

夫人听罢，愤然作色地说："送礼受贿、投机钻营，历来为小人所为，大人对此一贯深恶痛绝，今日不知为何自食其言。不错，收下此礼也许不会有人追究，但只怕是要玷辱了大人的人格！"

司马迁一听，扑哧一笑，说："夫人所言正是。我只是故意考一考你，谁知你竟当起真了。"

接着，他又转过身来，语重心长地对女儿说："此玉之所以美，就是因为它没有斑点、污痕，人也如此。我是一个平庸之辈，从不敢以白璧来比喻自己，但如果我收下这份礼物，心灵上就会沾染上污痕。"

说着，司马迁把玉璧装回盒中，交还给那个家仆，随即又挥笔给李广利写了一封回信，表达他的谢绝之意。

清廉的范滂

范滂，字孟博，东汉汝南郡征羌县（今河南省漯河市召陵区青年镇砖桥村）人。

范滂年轻时就注重品德修养，养成了清廉的节操，为人刚正不阿。他坚持真理、不畏强权，深受州郡和乡里百姓的钦佩，因此被推荐为孝廉。

有一年，冀州发生灾荒，饥民纷纷造反。朝廷任命范滂为清诏使，到冀州巡视。

范滂胸怀澄清天下的抱负，登车出发，手握缰绳，慨叹世道黑暗，政治混乱。

范滂每到一处，公正执法，有错必纠，有罪必罚。不管这些人的后台是谁，也不管和他有什么关系。

范滂一到冀州，那些平时贪赃枉法的太守和县令，听见风声都扔下官印逃跑了。范滂秉公执法，弹劾有罪的官吏，百姓无不额手称庆。

接着，范滂又被太尉黄琼征召去做官。后来皇帝下诏书要太尉、司徒、司空三府下属的主要官员去探访民间疾苦，检查地方官吏的善恶得失，然后向朝廷报告。范滂到地方后，一下子就弹劾了刺史、太守和豪绅共20多人。尚书责备他弹劾的人太多，怀疑他存有私心，公报私仇，动机不纯。范滂解释说："我所检举的都是贪污腐败、奸邪残暴、为患一方、残害百姓的坏人，现在只因朝堂会审在即，时间仓促，所以先检举那些急需检举的人。至于那些没有调查清楚的，还正在反复核实，说不定比这还多呢。我听说农夫锄了杂草，庄稼才会茂盛起来；忠臣除恶务尽，法不徇私，国家政治才会清明。假如我检举的不符合事实，甘愿当众接受死刑。"尚书见范滂刚正不阿，这才不再追问什么了。

汝南郡太守宗资早就知道范滂的名声，便请他代理功曹职务。功曹是郡守或县令的主要属官，负责选用任命和考核功绩。范滂在职期间，对吏治严加整顿，疾恶如仇，任人唯贤；凡是行事违背孝悌，以及不遵守仁义规范的人，一律撤职，不与他们共事。范滂还把操行卓异的人推荐到显要岗位，把被埋没的人才选拔出来任职。

范滂的外甥西平县人李颂，是西平王李通的后代，在家乡名声很不好，没有人肯推荐他。中常侍唐衡特地请宗资帮忙，宗资同意录用李颂。范滂说："他不是适当人选。"范滂公字在先，不肯徇私，将此事搁置下来，一直不加委任。

宗资见自己的命令没有得到执行，又不敢惹范滂，就把怒气发泄在范滂的书童朱零身上，下令拷打朱零。朱零望着宗资说："范大人刚正不阿，疾恶如仇，就像快刀砍朽木一样，是不能违抗的。今天我宁可被你打死，也不愿违背范大人的决定。"宗资见这又是一个刚正不阿的人，便只得作罢。

汝南郡中级以下的官员都恨范滂，指责他所任用的人为"范党"。而范滂仍然我行我素，刚正不阿，只知任人唯贤，不知其他，根本不在乎别人的议论。

宗资是范滂的顶头上司，西平王是范滂的间接上司，范滂敢于抵制他们的错误决定，这是不逢迎、不屈从、不附和；李颂是范滂的外甥，而范滂不肯任人唯亲，就是不任用李颂，这是多么难能可贵啊！这是不徇私、不偏袒。由此可见，范滂是真正的自律啊！

廉洁的羊续

> 人必自侮，然后人侮之；家必自毁，而后人毁之；国必自伐，而后人伐之。
>
> ——《孟子》

东汉末年，羊续在光武帝老家南阳郡任太守。

南阳比较富裕，俗称"鱼米之乡"。由此，社会风气比较奢华，郡县官吏、衙役间彼此请客送礼、拉关系和托请办事之风盛行。羊续素来为人正直、清正廉洁，对此十分厌恶。到任后，他决心扭转这种风气。

就在他到任不久后，一位郡丞提了一条又大又鲜的鲤鱼，兴冲冲地去看望他。

羊续见他提着一条大鱼，不解地问："你这是什么意思，莫非是来给本官送礼的？"

郡丞解释说："这不是送礼。只因南阳因鲤鱼出名，这是我自己在空暇时从河里捞到的，出于同僚之情，请您尝尝鲜，增加点对南阳的感情。"

羊续听了他的话，深知其话中有话，便不动声色地说："同僚的友好情意我心领了，但这鱼我是不能收的。"

郡丞三番五次地解释来意，无论如何也要羊续收下，末了还说："若是太守不肯收下，就是不愿与我等共事了。"

羊续无奈，只得把鱼收下了。

郡丞在回家的路上很是得意，心想："都说羊续铁面无私，不收受别人的礼物，今天不也收下了吗?"哪知，待郡丞走后，羊续马上叫仆人用一条麻绳把鱼拴好，悬挂在自家的房檐下。

过了几天，这位郡丞又来了，这次带了一条比上次那条更大、更鲜的鲤鱼。羊续见了，很不高兴，沉着脸很严肃地对郡丞说："在南阳，除了太守，就数你的职位高了。你怎么带头给我送礼呢?"

郡丞凭借上次的经验，不以为然地摇了摇头，接着还想再说点什么。

这时，羊续指着房檐下的那条鱼，说："这是你上次送来的那条鱼，我都还没吃呢，怎好再收? 现在有两个办法：一是请你把这两条鱼一块儿拿回去；二是如果你坚持不拿回去，我就只好把两条鱼都挂在房檐下，并告诉大家说这是你给我送的礼。"

郡承听了这番话，脸一下子全红了，只好带着两条鱼，悻悻地离去了。

这事传出去后，南阳再也没人敢给羊续送礼了。百姓们都非常高兴，称赞这位新来的太守真是廉洁。大家还风趣地给羊续取了个雅号，称他是"悬鱼太守"。

严于律己的马援

　　马援，字文渊，是东汉初期的名将。最初他依附于陇西的隗嚣，后归顺刘秀，参加攻灭隗嚣的战争。不久调任陇西太守，平息了羌人的入侵。南征北战，屡建战功，被授予"伏波将军"的封号。

　　马援居功不傲，谦虚谨慎，他的事迹被人们传为佳话。

　　一次，马援打了胜仗，率军凯旋，许多老朋友前来欢迎、慰劳他。欢迎人群中，有一位因谋略才能而名闻朝野的人，名叫孟冀。马援一见，心里感到很不是滋味，于是便对孟冀说："您是一个富有谋略的名臣，我本期望听听您的金玉良言，指出我努力的方向，您怎么反而像普通人那样说起客套话来呢？从前的伏波将军路博德开设了七个郡，才加封了几百户。现在我功劳微薄，却享受三千户赋税的领地，实在深感惭愧。功劳小而赏赐丰厚，我正忧心不知该用什么行动来报答，您有什么谋略来帮助我呢？"

　　孟冀摇了摇头，说："我智力低下，不知如何回答。"

　　马援见此情景，接着说："如今匈奴、乌桓还在侵扰北方，我打算主动请求征讨。危难当前，大丈夫应战死沙场，用马草裹着尸体运回埋葬，怎么能安然地在家里等着寿终正寝呢？"

马援以自己的行动实现了自己的诺言。已是 62 岁高龄的他，仍率兵征战沙场，最后因病死于疆场。孟冀赞叹他说："真是一心建功立业的男子汉。"

马援不仅严于律己，也时常告诫自己的亲属。

马援哥哥的两个儿子，常喜欢在背后议论别人的过失。他很生气，立即写信告诫他们。信中说："我希望你们听到别人的过失，能像听到你们父母的名字那样严肃对待。耳朵可以去听，但嘴巴不可以去乱说。好议论别人的长短，搬弄是非，是最可恶的行为，我很讨厌这样的行为。我宁愿去死，也不愿听到子孙有这种可恶的行为。我之所以这样叮嘱你们，就像母亲叮嘱一个将要出嫁的女儿一样，是希望你们不要忘记我的告诫。"

后来，他的两个侄儿果然没有辜负他的告诫，改正了自己的缺点，成为了被人们称赞的好后生。

杨震拒绝收礼

> 大臣法，小臣廉，官职相序，君臣相正，国之肥也。
>
> ——《礼记》

东汉年间，荆州刺史杨震发现当地有个叫王密的读书人学问渊博、才华出众，觉得他堪为大用，于是就向朝廷举荐。后来经过考核，王密做了昌邑（在今山东境内）县的县令。

几年后，杨震奉命调任新职。当他离开京城洛阳赶赴任所时，一路上轻车简从，途经许多州县都是住在路边小店。不认识的人，谁也不会想到这位普普通通的老大爷竟会是朝廷重臣。

这一天，杨震路过昌邑，在一个小店住下。不久，他忽然听见院里人声嘈杂。店主慌忙来报："县令大人到了，要接您去县衙住呢，您赶快收拾一下吧！"

店主的话还没有说完，只见一个身穿官服的人进门便下跪相拜，口中说："学生王密不知恩师驾到，有失远迎。刚才有个荆州老乡告知我说，您已住进小店，我才赶忙来接。现在县衙里已经给您清理出一间书房，恩师还是搬过去住安静些。"

杨震推托不过，只得坐上王密派来的官轿，住进了县衙。

在县衙里，王密亲自端茶端饭，将杨震照顾得无微不至。已经夜深了，王密还在诉说着别后离情。他说："当年若不是恩师举荐，我王密至今还是白丁布衣，是不会有今天的。为这事我会感激您一辈子的。"

杨震很平淡地说："举荐贤能是我的职责和本分。只要你能努力为国效力，我就心满意足了。"

"一定，一定。"

王密说完这话后，便立即走出门去四处张望。返回后闭紧房门，从怀里掏出个口袋，低声说："为了感谢恩师的知遇之恩，我本来应送重礼，但仓促之间来不及准备，只有这十两黄金，不成敬意，请您收下在路上使用吧！"

杨震见状，连声说："不可，不可！朝廷已经三令五申，不准大臣收礼，难道你不知道这个规定吗？"

"规定我是知道的。可哪个当官的不收礼？况且现在是夜晚，

自尊自爱
——从不屈不挠到自强不息

外面一个人也没有，谁也不知道这件事，您就放心地收下吧。"

杨震有点生气了。他很严肃地说："要想人不知，除非己莫为。你送金子给我，天知、地知、你知、我知。明明有这'四知'，怎么能说谁也不知道呢？再说，以为别人不知道就宽容自己，这是很不可取的事，你怎么能这样做呢？"

王密看见杨震动了怒，只得连声认错，然后包起黄金，赶忙辞别杨震，消失在黑夜中。

正直清廉的胡质父子

> 不辱其身，不羞其亲。
>
> ——《礼记》

胡质是三国时魏国的一位太守，他为人正直，执政清廉，虽先后任过县令和太守，但他和他的家人一直过着很清贫的生活。

后来，胡质升任荆州刺史，他的儿子胡威从京都来看望他。由于家境清贫，没有车马仆人，胡威只得独自骑着毛驴前去探望父亲。父子在荆州相聚了十余天后，胡威要返回京都了。临别时，胡质拿出一匹细绢，送给儿子以作为归途中的盘缠。

胡威见到这匹细绢，大吃一惊，忙向父亲跪下，不解地问道："父亲，您为官一向廉洁奉公，不知是从哪儿得到这匹细绢的？"

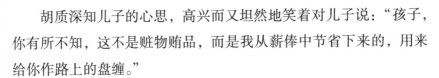

胡质深知儿子的心思，高兴而又坦然地笑着对儿子说："孩子，你有所不知，这不是赃物贿品，而是我从薪俸中节省下来的，用来给你作路上的盘缠。"

胡威听父亲这么一说，才伸手接过细绢，辞别了父亲。

胡威独自骑着毛驴踏上了归途。一路上，他每到一家客栈，都是自己喂驴、劈柴、煮饭，从不雇佣别人。三天后，一位自称去往京都的人，提出与胡威同行。此人为人慷慨大方，自和胡威同行之后，百般殷勤地照料着胡威。他不仅处处帮着胡威筹划、出主意，有时还请胡威吃喝。这样一连几天，胡威心中便有些纳闷了："此人看来心眼并不坏，但他与我素不相识，为什么对我一见如故，又如此百般殷勤呢？"胡威对他的行为产生了怀疑。

原来，此人是胡质属下的一个都督，早就有意巴结、讨好胡质，但听说胡质为人正派清廉，最不喜欢溜须拍马的人，所以一直没找到合适的理由和时机。这次，他听说胡质的儿子要独自回京都，自认为是个大献殷勤的好机会。于是，他探听得胡威起程的日子，就以请假回家为理由，提前做好了准备，暗中带着衣食之物，在百里外的地方等着胡威，以便同他结伴而行。所以，他见到胡威后，才有这一番表现。

胡威在与那人多次的谈心中，才得知了实情。于是，胡威立即从自己的行包中取出了父亲送给他的那匹细绢，递给这位都督，以此偿还他的一路花销。但这位都督坚决不收。胡威说："我父亲的为人，你应该是知道的。他执政廉洁，为人清白，从不接受别人馈赠。我做儿子的如果仗着他的权势占别人的便宜，就等于在这匹白绢上面泼了污水，岂不大错特错了吗？"

那都督看到胡威态度如此坚决，心想："真是有其父，必有其子。"他只好十分尴尬地拿着那匹白绢和胡威道别了。

吴隐之笑饮贪泉

> 能使人知己、爱己者，未有不能知人、爱人者也。
> ——〔宋〕王安石

在广东南海的西北处，有一汪清冽的泉水在淙淙地流淌。泉水周围山花烂漫，景色宜人。可是，如此秀美的水光山色却吸引不到人来这里游玩。

一天，远远走来一队人马，走在最前面的一个官吏，轻快地跳下马来。他神情凛然，气宇轩昂，径直走到泉水边，望着清冽的泉水，不住地说："好泉水，好泉水啊！"说着弯腰就要去舀泉水喝。旁边一个小吏忙上前制止说："大人，这泉水不能喝呀！"这位官吏忙站起身，疑惑地看着小吏，问道："为什么不能喝？"小吏忙说："这泉是有名的贪泉，据说人喝了这泉水，就会丧失自己清廉的本性，会变得贪得无厌。大人一向以清廉节俭著称，我怕大人喝了这泉水，于大人不利。"听罢这话，这位官吏不禁仰头哈哈大笑，说："天下还有这等奇事？我倒要看看这泉水能不能改变我的本性。"说完，拿起杯子舀了一杯泉水一饮而尽，然后长长地舒了一口气。看到这一幕，旁边的小吏目瞪口呆，不知如何是好。喝完了水，这位官吏遂赋诗一首："古人云此水，一歃怀千金。试使夷齐饮，终当不易心。"然后他微微一笑，领着人马走了。

这位官吏不是别人，正是东晋时赫赫有名的清吏吴隐之。他是建安文人吴质的后代，此次之行是到广州接任刺史职务的。

当时的广州地处僻远，瘴疫流行，是蛮荒之地，很少有人去那里做官。在那里做官的人，只要弄上一箱宝石，几辈子都享用不尽，以往的广州刺史没有一个不贪的。朝廷虽明知有此弊端，但因鞭长莫及，难以遏止这种状况，最后，只好派一贯清正廉洁的吴隐之来接替广州刺史的职务。

吴隐之喝了清润甘甜的贪泉水，更加神采奕奕。于是，日夜兼程，直奔广州城。

到了广州接任刺史后，人们听说他喝了贪泉水，都拭目以待，等着他的变化。只见他穿的依旧是往日的旧衫，吃的只是蔬菜和干鱼。而且妻子儿女也都穿着自家纺织的粗布衣裳，在广州这个地方还真显得有些土气。

有一天，他手下的一个属吏想试探一下吴隐之，也想讨好这个土头土脑的新刺史，就送来了许多肥鱼和海鲜。吃饭时，吴隐之看着满桌子佳肴，惊奇地问："哪来的肥鱼和海鲜？"家里人不敢隐瞒，据实告诉了他。吴隐之一听，当即拉下脸来，命家人找来了那个属吏，处罚了他，并且当众声明：有贪赃枉法者和贿赂者，一律从严惩处。广州的属吏们见他如此廉洁，又这样威严，谁也不敢放肆了。从此以后，广州的吏风一下子好了许多。于是，广州城传出了一首歌谣："喝贪泉而不贪，不是水贪是人贪。"

不久，吴隐之的大女儿要出嫁了，按以前的惯例，这婚事应该很隆重热闹。许多人都想趁这次机会与吴隐之套近乎、拉关系。因此，办喜事的那天，一大早就有人来吴隐之家随礼。谁知到了门前，大家都愣住了：大门紧闭着，门上既没张灯结彩，也没有贴

自尊自爱
——从不屈不挠到自强不息

16

"囍"字，院子里静悄悄的，哪有办喜事的样子？过了好一会儿，大门开了，吴隐之走出来，对前来贺喜的人说："我家女儿出嫁，有劳各位光临，吴某深表谢意。但我想以节俭为本，所以不设家宴。既然大家来了，就请进去喝一杯喜茶吧！至于带来的礼物，还是请诸位带回吧。"来贺喜的人你看看我，我看看你，谁也说不出话来，都被吴隐之的清廉所感动，这在广州，还真是开天辟地第一个啊！

尽心国事，不图名利，挹贪泉而不渝清廉，这才是仁人君子的真实品格。

顾觊之设计烧债券

> 富贵不能淫，贫贱不能移，威武不能屈，此之谓大丈夫。
>
> ——《孟子》

顾觊之是南朝宋吴郡太守，因为他政治清简，风节严峻，故素来为人们所敬重。

一天，他的一位朋友来看望他，说："我有一言，不知当讲不当讲？"

顾觊之笑了笑，说："有话请讲，不必顾虑。"

那位朋友犹豫了一会儿，说："是关于令公子的坏话。"

顾觊之严肃地说:"那更应该讲。若隐瞒于我,那倒是害了我呀!"

那位朋友见顾觊之并不反感,而且诚心诚意,就说:"令公子顾绰,这些年来,不择手段地收敛了许多钱财。而且,还在外放债,收取高利。如不加管束,怕是会愈演愈烈啊!"

顾觊之听了,大吃一惊,连连向朋友道谢说:"谢谢你告知我此事,不然,我仍被蒙在鼓里,岂不害人害己啊!"

送走了朋友,顾觊之叫来了儿子顾绰。

顾绰可能也有所预感,见了顾觊之,哆嗦着问:"父亲唤我有何吩咐?"

顾觊之十分生气地问:"听说,你有许多钱?"

顾绰只得点点头,答:"是。"

"钱是怎么来的?"顾觊之接着问。

顾绰想了想,慢慢地说:"做生意赚了些钱,又将钱放债出去……"

顾觊之一跺脚,骂道:"逆子!谁让你去谋财放债!你赶紧悬崖勒马。不然,我饶不了你!"

顾绰连忙答应说:"是,是,我一定遵照父亲的话办。"

此后,顾绰虽表面上收敛了一些,但实际上仍在放债,只是做得更隐蔽了。

俗话说:"要想人不知,除非己莫为。"

顾绰变本加厉,债放得越来越多,致使远近乡里许多人都欠了他的债。

顾绰在外继续放债的事,终于还是传到了顾觊之的耳朵里。一天,顾觊之把身边的侍从叫来,叮嘱一番,设下了一计。

他坐在堂上,对侍从说:"叫顾绰前来。"

18

顾绰听说父亲叫他，心想准没好事，不是教训，就是追查放债之事。

顾绰硬着头皮来到父亲跟前，施礼后，问道："父亲唤儿有何吩咐？"

顾觊之和颜悦色地指指旁边的椅子，说："我儿坐下。"

顾绰见父亲这样待他，一颗悬着的心落地了。坐下后，等着父亲再问。

顾觊之望了望儿子，装出为难的样子，说："听说我儿有些债券。眼下为父有急用钱财之处，不知我儿可否借我用一些？"

顾绰一听，立时高兴起来，忙对父亲说："父亲如要用钱，当然可以。"

顾觊之停了停，问："但不知我儿有多少债券？"

顾绰忙不迭地夸耀说："可不少呢！"

"很多？"顾觊之故作惊讶地再问。

"可不是吗！"顾绰趾高气扬地肯定地回答。

"为父可以看一看吗？"

"父亲不相信？"

"拿来我看，就信了。"

"好，您等我去取来。"

不一会儿，顾绰搬来一只箱子，放在大堂中央。

顾觊之不慌不忙地说："打开。"

"是。"

顾绰打开锁，掀开箱盖，箱子里果然装满了债券。

顾觊之走到箱子跟前，说："好，好，待为父细细查看一番。"

他仔细看了看，这些债券没有作假。他直起腰来，突然大声呼唤道："侍从过来！"

几名侍从跑了过来。

顾绰还没明白父亲什么意思，那几名侍从抬起箱子就走。

"你们干什么？"顾绰急忙问道。

顾觊之拦住儿子说："不要急，你稍等一会儿，就会知道他们要干什么了。"

侍从将一箱子债券抬到院子中，点起了一堆火，然后一下子将全部债券投入火中。

顾绰一看，哭着冲上去，喊道："不能烧，不能烧！"但是，早已来不及了，呼啦啦的火苗，很快烧光了那些沾满了无数人家血泪的债券。

顾觊之哈哈大笑，说："我儿，不用哭。你已经陷得很深了。烧了这些债券，从此可以清清白白做人了。"

转过身来，顾觊之又对侍从说："传言乡里，有借顾绰债的，一笔勾销，不用还了！"

远近乡里，那些借债的、没借债的，听到这个消息，无不赞扬顾觊之严于律己、严于教子、清廉公正的品格。

刘温叟婉拒厚礼

辱，莫大于不知耻。

——〔隋〕王通

刘温叟是五代至北宋的大臣，在朝中主管过吏部，担任过御史中丞等职。

刘温叟廉洁正直，又有才干，得到宋太祖的器重和信任，朝野内外名声很高。不少人愿做他的门生，拜他为师；也有些势利之徒和惯于钻营的小人总想寻找机会接近他，和他拉关系。

一次，一个自称是刘温叟门生的人，给刘温叟家里送去一车粮草，以谢师恩。他想以此取得刘温叟的欢心，以便进一步投靠和求助于刘温叟。刘温叟见此人的这般举动，心中很不愉快，但他仍然以和蔼的态度百般解释、推辞。可是，尽管刘温叟再三推辞，这个人就是不肯把粮草拉走。没办法，刘温叟就吩咐家人拿出一套贵重的衣服回赠给这个人。这套衣服的价值是那车粮草价值的好几倍。那送礼的人一看这种情形，只好无可奈何地把那车粮草拉了回去。

宋太宗赵光义在任晋王时，知道刘温叟一向清廉，与同僚相比，他并不富裕。于是，特意派人给他送去了五百千钱。其中含义，既有奖赏之意，也有关怀之情。刘温叟见是晋王的赏赐，碍于情面，只好收下。随后，他把这些钱原封不动地存放在厅西的一间屋子里，并当场把钱和门都封上了。

第二年端午节时，晋王又派人给刘温叟送来一些粽子和扇子，以表示对他的器重和关怀。这次派来的人恰好还是去年送钱的那个人。那人到刘温叟家中一看，去年送来的钱仍然放在那间屋子里，原封未动。事后，那人回去把所见情形如实地向晋王作了禀报。

晋王听说后，心中万分感慨，说："连我送去的钱都不用，何况别人的了。看来，去年他之所以收下了我的钱，只是不想拒绝我的情面啊！这钱整整过了一年还未启封，可见他的廉洁情操是多么的高尚。"

廉洁自律 第一章

善守清廉的元明善

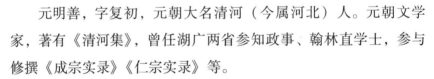

知耻近乎勇。

——《中庸》

元明善，字复初，元朝大名清河（今属河北）人。元朝文学家，著有《清河集》，曾任湖广两省参知政事、翰林直学士，参与修撰《成宗实录》《仁宗实录》等。

元明善才思敏捷，文辞清新，为人又清正廉洁，元仁宗非常器重他。

一次，元仁宗命一位蒙族大臣为正使，元明善为副使，组成一支有文有武、蒙汉多民族的外交使团，出使交趾国（今越南北部）。在外交公务办完后，交趾国国王派人给元朝使团送来一批金银珠宝。看着这些厚礼，使团中的官员多有不同的想法和反应，大家都在等着正副使节表态。

正使见后，非常高兴，连声说："多谢国王的厚意。"说完就把给自己的那份礼品收下了。随从人员见正使答应收下了，便各自纷纷收下自己的那份礼品。只有元明善表现得非常冷淡，心中很不高兴，只是见正使已收下了，自己不便多说。

正使看到元明善的神情，以关心的态度劝说道："给你的这份礼品，就让随从帮你收起来吧!"

"不，不，大人!"元明善急忙摇头阻止说。

"为什么? 莫非你嫌这份礼品轻了?"正使不解地问。

"不，不，请大人不要误会。家母在世时，一再教育下官不得收受馈赠，她老人家在弥留之际，还拉着我的手要我点头答应才肯瞑目。"

正使深知汉族人的礼教，又知元明善极重孝道，便不再勉强，只说了声:"你不违母教，可敬，可敬! 那本官就不再勉强你了!"说完，便回房去了。正使走后，元明善立即令其随从将给他的礼品交给馆舍人员，让其转呈交趾国国王。

交趾国国王派来送礼的人，把所见情形如实地向国王作了禀报。当谈到正使及随行人员的行为时，国王和大臣们不免心中暗笑，认为元朝官员品格不过如此。但当谈到元明善拒收礼品时，大家都非常震惊。国王觉得这是位神奇人物，一定要见识见识，于是特意亲自到馆舍拜访元明善。

国王看到元明善简朴的着装，暗暗钦佩，但表面端正不语。元明善并不知国王来意，忙恭敬地说:"陛下政务繁忙，何必亲自来送行?"

国王笑了笑，说:"我因有件事很不理解，特来求教。"

元明善起身说道:"请陛下明示。"

国王请元明善落坐，温和地说:"敝国为感谢使者们跋山涉水远道而来，特备薄礼相赠。贵国大臣及随从人员均已收下，独你作为副使为什么不收?"

元明善没想到国王特来询问此事，感到有些惊奇。心想，在国王面前，他既不能公开指责上司，说正使贪财受礼，有失国格，也不能再推说自己是遵照先母遗教。沉思片刻，他巧妙地解释说:"多谢陛下的好意，大使是代表我们国家接受贵国的礼品，表示两国和睦友好；我个人如若再接受礼品，就有贪财之嫌，有损我国的国格了。为了尊重我国的礼节，所以我不能接受这份礼品，请陛下谅解。"

国王听了他这番不卑不亢、巧妙机智的回答，赞叹不已。站在一旁的正使听后也连忙应付道："是的，是的，我接受的这份礼品正是代表我们国家的。"

回国后，正使只得把国王送的那份礼品上交了。

王翱为官绝私情

不戚戚于贫贱，不汲汲于富贵。

——〔晋〕陶渊明

王翱是明代自成祖至景帝的五朝重臣，从一名普通官吏做到吏部尚书，为官几十载，却始终公正处事，勤政用贤，廉洁奉公，人们都非常敬重他。因为他过世后的谥号为忠肃，所以后人都尊称他为"忠肃公"。

作为位高权重的老臣，王翱从不居功自傲，以权谋私。他对自己的子女管束很严，有时到了不近情理的地步。王翱的女儿嫁给了在京郊做官的贾杰，他的夫人十分疼爱女儿，常常接女儿回娘家小住。因为贾杰在郊外为官，妻子每次回娘家都不方便，所以贾杰发牢骚说："你父亲是吏部尚书，正管理着各级官吏，把我调到京师易如反掌，何必这么麻烦地接来送去的呢？那样的话，你们母女也可以常相陪伴了。"女儿把贾杰的话对母亲讲了，王夫人觉得这事也不算过分，对王翱这个掌管全国官吏的最高官员来说，也就是一句话的事。有一天，趁着王翱高兴，王夫人备了点酒菜，酒过三巡，便婉转地把女儿的请求说了。可是没想到，王翱一听勃然大怒，斥责说："亏你说得出口，我这不是借手中的权力徇私情吗？如果在外地任官的人都提出如此要求，我该怎么办？"他越说越恼火，狠狠地将酒杯摔在地上。一席家宴就这样不欢而散，王翱愤然离去，回到朝房，一连十几天都没回家。从此以后，贾杰调转京城的事没人敢再提了。一直到王翱去世，也没把贾杰调进京城。

明朝非常注重科举考试，官吏晋升都离不开考试。王翱有个孙子，才学很一般，文墨也不太精通。本来他已经因王翱的功勋而受到特别的优待，有了一定的职位，可是他嫌官卑位低，想通过科考求得晋升。可毕竟实力不足，自己也知道凭真才实学难以过关。于是，他通过关系，从有关部门弄到一份考卷，将考卷拿给王翱看。王翱严肃地对他说："你如果真有考中的才学，我能忍心埋没你吗？你明显不具备应试的条件，假如主考官照顾了你，就会有一位真正具备应试条件的人落选。再说，你已经有了一定的职位，何必强所不能，存非分之想呢？不如继续刻苦攻读，成就学业后再去应试。"说完当即撕了考卷，并用火烧了。

王翱身居显位，但几十年如一日，从不以权谋私，即使在人际交往中也始终公正严明。因为他政绩突出，家境清贫，皇帝每年都赏赐给他不少金玉束带、锦绣衣物，或是银币玩器，但他从不摆饰动用，长年自奉俭素，总是穿着普通的衣装。他提督辽东军务时，与一位太监关系密切。不久，王翱将要调任，这位太监出于对他的敬重，拿出四颗西洋明珠相赠，以留作纪念。王翱怎么也不肯收，最后，太监流着泪说："这些明珠绝不是我收受贿赂所得，而是先皇将郑和所购得的西洋明珠赏赐给身边的侍臣，我得了八颗。今天我送一半给你，作为纪念，请一定收下。"看到太监如此真心诚意，王翱很感动，只好将明珠收下，缝在上衣夹层里保存着。

后来，王翱回京执掌吏部时，那位太监已经过世。王翱几经求访，找到了太监的两个侄子，对他们说："你们的叔叔一贯奉公守法，在世时对你们要求很严，你们现在生活一定很困难吧？"两位年轻人回答说："确是如此。"王翱又说："如果有什么打算，我可以帮助你们。"没过几天，他们向王翱说了自己的打算，王翱马上把保存的四颗西洋明珠送还给太监的两个侄子了。

从政清廉，持家勤俭，公正严明，这是王翱一生遵循的人生准则，正因为他能一丝不苟地遵循这些准则，所以才获得了"忠肃公"的美称。

自尊自爱
——从不屈不挠到自强不息

清廉的海瑞

人不能重己，无以致人。

——〔明〕海瑞

海瑞是明朝中后期名臣，历任州判官、户部主事、兵部主事、右佥都御史等职。他打击豪强，力主严惩贪官污吏，禁止徇私受贿，遂有"海青天"的美誉。海瑞祖父曾担任过知县，为人清廉公正。海瑞的父亲是位廪生，也就是所谓的官费秀才。

海瑞的父亲于海瑞四岁时去世，留下十多亩祖田。海瑞与母亲谢氏相依为命，谢氏教海瑞读书，对海瑞要求很严格。

海瑞幼时生活虽然很清贫，但他很有志气，发愤苦读诗书，于明世宗嘉靖二十八年（1549 年）考中举人。

海瑞做官后屡平冤假错案，打击贪官污吏，两袖清风，爱民如子，因而深得民心。

嘉靖四十三年（1564 年），海瑞出任户部云南司主事。他忠于职守，关心朝政。

明世宗晚年不理朝政，深居西苑，专心致志地设坛求福。总督、巡抚等封疆大吏争着向他进献有祥瑞征兆的物品，礼官总是上表祝贺。朝中大臣没有人敢于进谏。

嘉靖四十五年二月（1566 年），关心国计民生的海瑞上书说："陛下一心一意学道修行，花尽民脂民膏，二十余年不上朝听政。数年来官吏贪污横行，欺压百姓，百姓已无法生活了。请陛下看看今日的天下成什么样子了，对于陛下的所作所为，大臣们只知阿谀奉承，没有一个人肯指出陛下的错误。这是欺君之罪啊！天下是陛下的家，陛下连家都不顾了，这合乎人情吗？陛下的失误太多，但其中最大的失误是修道。修道可以长生不老，这是小人在编造荒唐离奇的故事来欺骗陛下。陛下企图脱离世间，成仙飞升，这是在追求茫不可知的领域，是在枉费精神，捕风捉影。现在大臣害怕被治罪而不敢说真话，臣却抑制不住心中的愤恨，冒死进言，希望陛下听取臣言，早日上朝，改革朝政，挽救百姓。"

明世宗读了海瑞的奏章后，十分愤怒，把奏章扔在地上，对左右说："快把海瑞抓起来，不要让他跑了。"宦官黄锦对明世宗说："这个人是不会跑的。听说他上书时，知道冒犯皇上必死，已经预先买好了一口棺材，还和妻子诀别了。"

明世宗将海瑞关进监狱后，越想越气，要杀海瑞。这时，内阁首辅徐阶上前用几句话救了海瑞。他说："陛下，听说海瑞在上书之前，已经为自己买好了棺材。他明知会触怒陛下，还敢如此大逆不道，其用心何其歹毒啊！此人的目的十分明显，他就是要激怒陛下，好以死求名。如果陛下杀了他，岂不正中了他的圈套？"明世宗全神贯注地听着，一边听一边点头，心想："是的，朕是一位英明的皇帝，怎能让一个小小的六品主事给骗了呢？"

就这样，海瑞的命保住了，但还是一直被关在监狱里。

不久，明世宗病逝，海瑞获释出狱，官复原职。

明朝中后期，土地兼并的现象十分普遍。地主与官府勾结，不交税、不服役，给百姓增加了沉重的赋役负担。百姓被逼迫着要多交税、多服役，生活苦不堪言。

隆庆三年（1569 年），海瑞升任右佥都御史，巡抚应天十府。

海瑞上任后，不顾大地主反对，重新丈量土地，规定按实有土地面积缴纳田赋，田多多纳，田少少纳，无田不纳。他还强令大地主退田，试图解决土地兼并问题。海瑞的这种做法虽然遭到大地主的强烈反对，但深得民心。

巧的是，这一地区最大的地主正是曾救过海瑞的徐阶。徐阶退休还乡后，纵容儿子强夺民田，肆无忌惮地兼并土地，弄得民怨沸腾。

海瑞命令大地主退田时，徐阶的儿子十分忧虑。徐阶笑了笑说："我救过海瑞的命，他不会不照顾我的。"海瑞为了推动退田，为了国家大计，他刚正不阿，公事公办，不顾情面，勒令徐阶退

田，并处置了他的儿子。

其他大地主见海瑞连恩人也不放过，都纷纷退田，土地兼并的现象得到了缓解。

由于交税和服役的人多了，百姓的负担也就减轻了。

海瑞刚正不阿，拯救了很多百姓，使他们免于饥饿劳累之苦。

海瑞为封建社会的官员树立了刚正不阿的典范。所谓刚正，指刚强正直。不阿有两层含义：一是指不逢迎、不附和，二是指不偏袒、不徇私。

当初，要不是徐阶挺身而出，力救海瑞，海瑞早就被处死了。因此，海瑞对徐阶一直心存感激之情。这次，海瑞以国事为重，不顾私恩，一般人是做不到的。正是如此，才更显得海瑞大公无私、为国为民，在民间才有了"海青天"的美誉。

于谦清廉志高洁

> 粉骨碎身浑不怕，要留清白在人间。
>
> ——〔明〕于谦

明朝景泰八年（1457年）正月的一天，凛冽的北风夹着雪花，呼呼地刮着。一队士兵押着一个犯人向刑场走去，后面跟着千余名百姓，有的手里拿着酒壶，有的边走边擦眼泪，人群中还不时传出幽咽。大路两旁也站满了人，个个都神情凄然，默默地流着泪。而这个即将死去的犯人则神气凛然地昂着头，布满血丝、略显红肿的眼睛深情地望着路边的百姓，嘴角挂着一丝不易察觉的微笑。他好像不是去刑场，而是去出征，去履行一个重大的使命。这个犯人就是明代杰出的政治家、军事家于谦，一个有崇高气节、廉洁清白的仁人志士。他怎么会被押上刑场呢？

原来，于谦做地方官时，朝廷里有一个太监，叫王振，他把持着朝政大权。这是一个非常阴险贪婪的家伙，他利用皇上对他的信任，贪污大量的钱财。外地官员到京城办事，一定要带上厚礼或当地的土特产品送给他，不然，他就不让你办成事。有一次，于谦也要到京城去办事，他的朋友来给他送行，见他两手空空，只身一人，就担心地说："你不带东西恐怕不行吧？即使不带金银之类的重礼，也要带点特产啊！"于谦听了，笑着举起袖子说："谁说我什么都没带，你看，这不是有两袖清风吗？"说完，又随口吟了一首诗："绢帕蘑菇与线香，本资民用反为殃。清风两袖朝天去，免得闾阎话短长。"他的朋友听了，无可奈何地摇摇头，送于谦离开。

到了京城，王振见于谦什么也没带，满脸的不高兴，但他知道于谦一向廉洁耿直，没敢说什么，可是却怀恨在心。

正统十四年（1449 年），瓦剌军向南进攻明朝，明军连遭失利，眼看就要攻进北京。这时，王振不怀好意地怂恿明英宗御驾亲征，并建议让于谦在京城代理兵部尚书一职。京城一旦失守，于谦的罪名就大了，就可消除王振的心头之恨了。结果，御驾亲征的明英宗被敌人俘虏了，留在京城的大臣们不知道怎么办，有人主张向南迁移，逃离北京。就在这关键时刻，于谦挺身而出，对众大臣说："要坚守北京，谁也不许逃离。"然后他把大臣们都召集在一起，商议保卫京城的有关事宜。在讨论国事的时候，许多人主张诛

自尊自爱
——从不屈不挠到自强不息

杀误国元凶王振，可王振的党羽呵斥百官，不断为王振辩解，于是两派发生了争执，动起武来，王振的党羽被打死了。朝廷因此一阵混乱。就在这时，于谦又果断地站出来说："王振误国，其党羽罪该万死，打死勿论。"骚乱的人群这才平息下来。于谦处理完朝廷里的事，就亲自到前线指挥战斗，终于击垮了瓦剌军，保卫了北京城和明王朝。

由于于谦保卫北京有功，被誉为"救时宰相"。这时，有一个叫石亨的人，为了讨好于谦，向明代宗建议给于谦的儿子封官。于谦知道后，急忙跑到宫里，面见明代宗，恳切地对明代宗说："国家正值多事之秋，做臣子的不应只考虑自己的私利，皇上应封赏有军功的人。我绝不能让自己的儿子滥冒军功。"说完，又责备身边的石亨说："身为大将，不举荐有功的人，反而单单举荐我儿子，能让大家服气吗？"

石亨遭到于谦的责备后，心里很不高兴，便总想找机会报复。不久，明代宗病重，不能治理朝政了。石亨就纠集一些人发动政变，诬陷于谦有"谋逆"之罪，应判处死刑。一世清白的于谦就这样惨遭杀害了。

于谦被杀的第二天，仍有许多百姓冒着严寒到刑场去祭奠。一位鬓发斑白的老者拿着酒洒在刑场上，用他苍老的声音吟着于谦生前写过的一首诗《石灰吟》："千锤万凿出深山，烈火焚烧若等闲。粉骨碎身浑不怕，要留清白在人间。"

这是在吟咏石灰虽经千锤百炼而终不改变它的洁白本色，而一个真正的廉洁之士就应像这石灰一样。

贫不改志的谢弘微

> 生当作人杰，死亦为鬼雄。至今思项羽，不肯过江东。
>
> ——〔宋〕李清照

谢弘微是东晋孝武帝女婿谢混的侄儿。他一生中不移志、不贪财，因而受到人们的称赞。

东晋末年，谢混因参与讨伐刘裕的战役而被杀。为此，孝武帝命令女儿晋陵公主回宫中居住，并让她与谢家断绝婚姻关系。晋陵公主在离开谢家时，将全部家产委托给谢混的侄儿谢弘微管理。

谢弘微一下子接管了万贯家财，光是家中的奴仆就有几百人。对此，人们议论纷纷，都说谢弘微从此交了财运，有了这笔财产，几辈子也够吃够用了。

谢弘微却没这么想。在他接管了这笔财产后，并没有据为己有。他精心地管理着这笔家产，自己在生活上仍然如同以往一样节俭。平日里，他从不乱花钱，即使花了一文钱、用了一尺布，也都一一记在账上。

后来，刘裕当了皇帝，晋陵公主降封为东乡君，只得离开皇宫，重新回到谢家。这时，谢弘微捧出这几年的账目，一一请东乡君清点过目。东乡君看到家里被管理得井井有条，账目又一清二楚，感动得泪流满面。她提出要把一部分财产分给谢弘微，但谢弘微坚持分文不收，东乡君从心底里感叹他真是个不移志、不贪财的好侄儿。

不久，东乡君病逝。乡里人认为，谢混没有儿子，两个女儿都已出嫁，她们尽可以把能搬动的东西都搬走，而如住宅、田园等多少应留一些给谢弘微。哪知，谢弘微仍然不要任何财产，反用自己的钱安葬了东乡君。

谢混的大女婿殷睿是个有名的赌徒。他听说谢弘微不争财产，便将谢混家剩下的全部家产拿去还了赌债。对此，谢混的两个女儿因受到谢弘微行为的影响，并未计较。然而，乡里的一些正直的人对此有些看不过眼，有的还故意讽刺谢弘微说："你倒捞了个廉洁的好名声，可谢混家的财产全都扔进赌场了！你替别人管的什么家呀？"

谢弘微听了并不介意，只是说道："以前人家托我管家，我管住了，以后这个家是她们两姐妹的。她们都不介意，我怎么能唆使她俩互相去争呢？再说，在亲戚之间争夺财产，是最无聊、最不道德的事。金银财产固然重要，但人的志向、品德更重要啊！"

谢弘微就是这样用自己的言和行表现出了他视"金钱如粪土"，视"仁义值千金"的高贵品格。

李勉穷不贪财

　　唐朝时的李勉，小时候家里很穷，父亲卖煎饼，母亲给人洗衣服。李勉白天帮助父亲看摊，晚上念书学习。李勉为人诚实、忠厚，街坊邻里都夸赞他。他的文章常常被老师拿来作示范。

　　长大后，他到京城参加科举考试。在仁升客店里，他认识了一个比自己大的读书人王义，两人意气相投，十分谈得来。李勉和王义同住在一个房间，生活在一起，学习在一起。

　　一天，王义洗澡着了凉，晚上发高烧、说胡话。李勉照顾他，用湿毛巾给他擦脸降温，整整忙了一夜，王义的高烧还是没有退。第二天，李勉请了大夫给王义看病，大夫说："他感染了风寒，必须尽快医治……"

　　王义生病后头昏昏沉沉的，滴水不沾。李勉既要买药，又要煎药，忙得不可开交，也没空看书，可他毫无怨言。会试的时间快到了，可王义的病情不但不见好转，反而愈来愈重。他含着眼泪对李勉说："贤弟，我已经快不行了，我的病拖累了你，耽误了你读书，实在对不起！"

李勉安慰他说："兄长，你好好休息，小弟照顾你是应该的。至于会试，今年不行，以后再考也不迟！"

王义听到李勉的肺腑之言，就紧紧地拉着他的手说："贤弟，我有一事想求你。我的包袱里有100两银子，如果我不行了，你就用它买口棺材，请人把我埋了，剩下的钱，请交给我的家人，好吗？"

李勉听到王义说这些话，心里很难过。他噙着眼泪说："兄长，你放心，我一定帮你完成心愿……"

第三天，王义死了。李勉买了一口棺材，请了几个脚夫，把王义埋了。他在王义的坟上立了一块碑，上面写着王义的名字、籍贯和死亡的时间。

几年后，李勉成为了开封县县尉，但王义的事，他始终没有忘记。他几次给王义的弟弟写信，但都没有回音。

有一天，忽听家人传报，有一个姓王的人要找他。他立刻召见了那人，一问，原来是王义的弟弟。李勉既高兴，又伤心，不知不觉地流下了眼泪。

王义的弟弟说："恩人，您的信我都收到了，因家乡发大水，几次搬家，一直到今天才来找您，实在很抱歉……"

李勉把当时他哥哥怎样得病，怎样埋葬，一一向王义的弟弟讲了。最后，李勉说："你哥哥的银子，用去20两，剩下80两。我将剩下的80两银子放在坟墓里和你哥哥一同埋葬了。现在你来了，我将它交还给你。"

接着，李勉带着王义的弟弟来到王义的坟墓前，挖开坟墓，把那80两银子原封不动还给了王义的弟弟。王义的弟弟流着眼泪接过银子，说："恩人，听说您当时也很穷，为什么您不用这些银子呢？"

李勉意味深长地说："不是我自己的东西，我是绝对不会要的！"

"埋金不受"的杜暹

杜暹是唐朝时的宰相。不论是在地方做官，还是在朝中任职，他都廉洁正直，一身正气。

开元四年（716年），西域安西副都护与西突厥可汗等不和。朝廷派时任监察御史的杜暹前去调查。

杜暹日夜兼程，到达碛西。他首先到西突厥那里了解情况。

蕃人的官员们按他们的民族礼节，设宴隆重地款待杜暹。席间，他们拿出很多金子作为见面礼赠给杜暹并说道："大人不辞辛苦，远道而来，为我们主持公道，我们特备薄礼敬上，以表我们的心意。"

杜暹连忙站起身来，推辞说："不可！本官是受朝廷之命，前来看望各位，并希望你们和我们重修前好，和睦相处。"

蕃人的官员们一再请他收下礼物，杜暹仍然推辞再三，双方出现僵局。见此情景，随从人员走到杜暹面前悄悄说道："大人您远到而来，又担负着调解矛盾的责任，可不要驳了他们的面子。"杜暹不得已只好暂时收下了这些赠金。

夜深了，当地的官员们都各自散去。这时，杜暹叫人悄悄地把这些金子埋在自己所住的帐幕下面，并做了一个记号。

办完事后，杜暹就离开了。在返程途中，杜暹写了一份公文，派人送给蕃人的官员，告之那些金子被埋在了帐幕下，请他们按着记号取出收回。

杜暹"埋金不受"这件事，给当地的蕃人和汉族官员留下了深刻的印象。后来，他们中的许多人还奏请朝廷派杜暹到碛西去任职。

"二不公"范景文

> 人不可有傲气，但不可无傲骨。
>
> ——徐悲鸿

范景文，字梦章，号质松。明朝政治家、文学家，历任文选司郎中、河南巡抚、兵部尚书、东阁大学士等职。

范景文为官清廉，洁身自好，从不接受别人的请托或馈赠，不管是素不相识的陌生人，还是过往甚密的亲朋好友，凡是送与礼品、登门相求者，他都一一婉言谢绝。

一次，他的一位亲戚想谋个一官半职，便备了一份厚礼，前去找他。范景文见亲戚来访，设家宴热情款待。席间，那位亲戚乘着酒兴，说明了自己的来意。范景文听了，忙一口回绝说："我身为朝廷命官，岂敢擅用权势、徇私枉法。"

说完，他又耐心地劝那位亲戚走读书求仕的门路。临走时，那位亲戚又说："以后倘有可能，还请你帮助举荐。"并拿出礼物，一定要范景文收下。

范景文再三推辞，说什么也不肯收。

那人又说："我们是亲戚，又不是外人，你何必如此……"

范景文把脸一板，生气地说："亲戚也不能收，你以后再来，就空手来，不许再像这样！"

不料，那位亲戚并不怕他吓唬，仍然坚持要把礼物留下，纠缠了好半天，范景文才好不容易让他把礼物带走了。

送走了亲戚，范景文自言自语道："想不到拒礼竟然如此之难。"想来想去，他终于想出了一个办法。他在一块牌子上写下6个大字："不受嘱，不受馈！"每到一处任职，他就特意在衙门堂鼓边上放置这块牌子。

果然，以后再也没人敢登门送礼或求情办事了。人们对他这种不受礼、不受嘱的品格赞不绝口，尊称他为"二不公"。

张伯行舍官不舍廉

清朝康熙年间，有位巡抚叫张伯行，他一贯清正廉明、刚直不阿。对上，他敢于揭露位高权重的贪官污吏；对下，他勇于为民请命，解危扶困。历官近30年，他两袖清风，一身正气。

在张伯行任江苏巡抚期间，江苏的乡试出现大规模舞弊，总督噶礼与副考官沆瀣一气，受贿舞弊。发榜的时候，苏州城学子揭露出舞弊内幕，一时间满城风雨，考生们群情激愤，1000多人集会谴责，并将财神的塑像抬到学宫，放在明伦堂上，以此来讽刺和抗议这种黑暗丑恶的行为。

消息传到京城，康熙震怒，下旨责成户部尚书会同江苏总督噶礼和巡抚张伯行等共审此案。噶礼在这次乡试中索贿受贿达50万两白银，还在审案中暗地作梗，一面贼喊捉贼，一面故意搅浑水，制造麻烦，所以该案件审查了一个多月仍毫无结果。后来，张伯行根据各种线索，多方访查，终于弄清了内幕实情。他想："噶礼身为朝廷命官，不但不主持公道，反而贪赃枉法、营私舞弊，这样下去社会怎么能公正，国家怎么能昌盛呢？"于是，张伯行不顾噶礼是自己的顶头上司，拼上身家性命，上书弹劾噶礼。

噶礼长期以来索贿受贿，为了钱财什么事都干得出来。同时，他又是个阴险狡诈、心狠手辣的阴谋家。当初张伯行走马上任江苏巡抚时，有个朋友出于善意，劝他按时例给噶礼送上4000两银子，图个官运通达。张伯行早就对这种巴结上司的做法深恶痛绝，当场便拒绝说："我为官，誓不取民一文，所以也没有银子馈赠上司。"噶礼见张伯行没像其他新官先给自己送银子，便大为不满，很长时间耿耿于怀。这次乡试舞弊案发生后，审案班子里的多名官员都好通融，睁只眼闭只眼地装糊涂。唯有张伯行拒不买账，而且秉公追查、毫不马虎。噶礼想："好个张伯行，不除掉你，我早晚会被你揪住，不如先下手为强。"于是，他买通了朝廷官吏，用重金买出了张伯行的奏疏，然后反咬一口，用编造好的故事诬陷张伯行受贿作弊。审案的官吏们惧怕噶礼的权势，明知此案有假，都要么附和，要么沉默，没有一个人敢挺身而出，为张伯行伸张正义。因为案子越弄越复杂，扑朔迷离，真假难辨，康熙只好先将张伯行和噶礼一并解职，私下另派心腹破案。

张伯行被解职后，被押往京师等候审讯。押解途中，扬州、苏州等地的大批百姓扶老携幼拿着食物来为张伯行送行，有位老先生流着泪说："公在任，止饮江南一杯水；今将去，无却子民一点心！"张伯行深感百姓们的一片真情，只收下了一把青菜、一块豆腐。扬州的老百姓怕张伯行途中遭到坏人的暗算，数万人自发组织起来，在长江沿岸护送押解张伯行的船只。

噶礼长年搜刮民脂民膏，金银珠宝堆积如山，派出大批心腹四处打点，贿赂审理此案的官吏，结果罪大恶极的噶礼逍遥法外，而正直清廉的张伯行反被革职查办。消息一传出，举国震惊，扬州、苏州的学子、百姓纷纷上书朝廷，要求公审此案，揭露出真正的受

自尊自爱
——从不屈不挠到自强不息

贿舞弊者。

事情越闹越大，康熙也觉得事出有因，为了安抚众多学子，安定民心，他亲自审理此案，最后终于真相大白。不久，圣旨降下，噶礼被革去一切职务，而张伯行受到表彰，官复原职。

喜讯传出，万众欢呼，江苏的学子和百姓家家门前都贴上了一张红幅，上面写着"天子圣明，还我天下第一清官"。

清正廉洁的人才能刚直不阿，虽然有时受坏人诬陷，被冤枉，受迫害，甚至丢官舍命，但最终会得到历史的承认，因为人民和正义总是站在他们一边。

第二章

自尊自重

叔向断案不隐亲

春秋时期，在各国诸侯以及公室与私门的纷争中，有一位饱学多智、与世无争的淡泊者。他认为："'优哉游哉，聊以卒岁'，知也。"但他的淡泊却又不是毫无原则地随波逐流，为了法律的尊严，他不徇己私、不庇己亲，正确处理情与法的关系，可称为执法者的楷模。他就是羊舌肸（xī）。

羊舌肸（生卒年不详），字叔向，又字叔誉。春秋时期晋国大夫、政治家，与郑国的子产、齐国的晏婴齐名。

晋昭公四年（公元前528年），晋国大夫、楚人申公巫臣之子邢侯与雍子因田界发生纠纷。原来，20年前，晋平公在位时，楚人雍子受到父兄的谮（zèn）毁，逃奔晋国避难，晋国国君十分倚重他，特将邢侯采邑中的畜地中的一部分赐给他。因此，形成雍子与邢侯的田界毗邻，并且犬牙交错的复杂情况。时间一长，田界渐渐模糊不清，两家为争田界屡起纠纷，为此找到大理（官名，主管刑罚、狱讼）打官司。但历时甚久，大理也没有调解成功。

恰好理官士景伯出使楚国，由叔向的弟弟叔鱼摄代理官一职。

秉持国政的韩宣子命叔鱼了断这桩拖延日久的旧案。

叔鱼接手此案后，详勘地界，认为此案罪在雍子。心虚的雍子听到这一风声后，深知叔鱼素来贪求财色，赶紧投其所好地将自己的一个女儿嫁给叔鱼为妾，以求为己掩饰。贪财好色的叔鱼受贿后，立刻转而判处邢侯有罪。邢侯听到颠倒黑白的判决，不禁勃然大怒，直接冲上朝堂与之论理。争吵中，怒不可遏的邢侯竟将雍子、叔鱼当堂杀死了。

韩宣子觉得此案很棘手，就将叔向找来，向他讨教应怎样处理这件案子。叔向面对胞弟的尸体，并没有有所顾忌，也没有设法为胞弟开脱罪责，而是当即干净利落地回答道："这3个人所犯的罪过程度是相同的，按律应当将活着的处死，将已死的陈尸示众。"接着，他向韩宣子具体分析了每个人的罪行：雍子明知有罪，却以女嫁于叔鱼，这是用行贿的方式来购买胜诉；叔鱼身为司法官员，不仅受贿，而且不以情理判曲直，实已触犯断案大忌；邢侯未经批准而专擅杀人。这3个人所犯的罪过性质的严重程度、恶劣程度是一样的。由此，叔向得出结论："自己有罪而去掠取美名，这叫昏；贪污受贿以致败坏职守，这叫墨；肆无忌惮地擅自杀人，这叫贼。《夏书》上记载，犯了'昏''墨''贼'3种罪行的人都必须处以死刑，这是皋陶制定的刑法，请据此去判处他们吧！"

韩宣子听了如此责有所归、罪有所得、有理有据的回答，内心被叔向所折服，于是宣布3人罪状，将邢侯处死，将雍子、叔鱼2人的尸体陈列在街市示众，以儆效尤。孔子听说此事后，对叔向所为大加赞赏，他认为，"治国制刑，不隐于亲；三数叔鱼之恶，不为末减"，高度赞誉了叔向刚直不阿的精神。

自尊自爱
——从不屈不挠到自强不息

子文不护族亲

子文是春秋时期楚国的令尹，他办事公道，执法严明，正直无私。

一次，掌管刑狱的廷理逮捕了一名犯人，审讯中，那名犯人如实地招供，最后，又战战兢兢地乞求说："小人作下此孽，实属罪有应得，无论如何处治，小人都绝无怨言；只是恳请大人，千万不要将小人的事告知于令尹。"

廷理听了，感到很奇怪，大声喝道："大胆！你一个小小的囚犯，也敢提及令尹大人？"

"大人容禀，因为令尹大人和小人是族亲，他素来就对我们管得很严，要是听说小人犯罪，岂不是更要动怒？倘若气坏了身子，小人怎么担待得起，所以……"

"此话当真？"廷理对那名犯人的话有些将信将疑。

"没有半句假话。"那名犯人说道。

听到这儿，廷理心想："此人既是令尹大人的族亲，我如何惹他得起，倒不如送个人情了事。"想到这里，他便对那名犯人说：

"这次看在令尹大人的面子上，且饶了你，以后你倘若再敢造次，那可就难办了！"说着，便打开刑具将他放了。

那人连忙叩头谢恩，随后，连滚带爬地出了府衙。

不久，子文知道了这件事，立即派人把廷理召来。廷理满以为子文会好好地谢他，便喜滋滋地来了。

子文见廷理来了，瞥了他一眼，问道："听说我的一个族人的案子是你审理的？"

廷理连忙答道："是的，大人。不过，我已将他放了。"

"你不是将他逮捕了吗，怎么又放了呢？"子文故作不解地问。

廷理表现出一副十分内疚的样子，毕恭毕敬地回答说："原先下官不知道他和您的关系，所以多有冒犯，还请大人海涵。"

子文听到这儿，十分生气地责备道："你真糊涂啊！国家设置廷理这个职位，就是为着处治违法犯罪的人。一个正直的廷理就应当秉公办案，执法如山；可你却违背法律，屈服于权势，无端地宽容了犯罪之徒，这是天理难容的事啊！"接着又说："那个人明明犯了法，就因为我的关系，你就放了他，这不等于是在告诉天下的老百姓，我是一个徇私枉法的人吗？"

子文义正辞严的一番话，说得廷理哑口无言。随后，子文又立即派人把那个犯法的族人抓了起来，亲自交给了廷理，廷理依法处治了他。

这件事很快在楚国的老百姓中传开了，大家都夸赞子文办事无私，执法公平，严于律己。

魏惠王纳谏改过

> 士可杀不可辱。
>
> ——《礼记》

战国时期，魏国曾威风一时，齐、秦、赵、韩等都不敢小看它。但是，魏惠王在位时，魏国连连打败仗，魏惠王倚重的上将军庞涓也在战斗中被齐国的孙膑采用伏击战射死。魏国国力日渐衰弱，大片国土被他国夺去。魏惠王想重振国威，振兴魏国。

他召来大臣们商议，让大家想想办法。

一位大臣站出来说："依我看，要使国家强盛起来，不受人家的欺侮，首先大王要识人才、用良才。"

"我已经任用了你们这批大臣，这难道不是任用贤才吗？"魏惠王心里不解，反问道。这位大臣接着说："当初商鞅在我们国家做官，大家劝您重用他，可您就是不听，结果商鞅被秦国重用了。在秦国，商鞅受到重用，推行变法，结果秦国强大了起来。再说孙膑，他本是个军事奇才，大王您又听信了庞涓的谗言，挖去了他的膝盖骨，到头来孙膑去了齐国。后来他坐在战车上，指挥齐国大军来攻打我们。这是多么大的教训啊！"

魏惠王听了这一番话，十分羞愧地说："我知道这都是我的过错。国家今日落到这种地步，都是由于我贤愚不分所造成的。从今以后，我要痛改前非，礼贤下士，广纳天下人才。请各位多多举荐。"

魏惠王招贤纳士的消息传开后，许多贤士都来投奔魏国。像邹衍、孟子等到魏国后都对魏惠王提出了不少治国安邦的建议。

有一次，魏惠王听大臣们议论说齐国的淳于髡（kūn）知识渊博，很有才干。魏惠王希望把他请来。大臣们想了许多办法，终于把淳于髡请了来。

魏惠王见到淳于髡，心里非常高兴，亲自设宴招待他。可在席间，淳于髡只顾低头吃菜，不时侧耳听听魏惠王和大臣们的谈话，什么话也不说。魏惠王有意挑起话题问他时，他也只是支支吾吾应付一下。

魏惠王对此非常生气，宴后将群臣训斥了一顿："你们说他有才能，我看他像个木头人！"

有位大臣急忙说："大王不可凭最初印象取人，别忘记过去对商鞅、孙膑的态度啊！"

"对！对！我险些又犯老毛病了。你们去探听一下，他究竟对我有什么不满意的地方，回来告诉我。"

第二天，去找淳于髡闲谈的人回来报告说："他过去求见过您两次，您都不理睬他。这次他不知道您是否真有诚意，所以才有这种态度。"

魏惠王想了好半天，说："没有呀！我没有接见过他呀！"

旁边一位大臣提醒说："投奔大王的人很多，也许大王忘记了呢。"

魏惠王召来记事官，请他查一查。果然，淳于髡曾两次拜见魏惠王。那时魏惠王因忙于接受别人的礼品，没有把心思放在淳于髡身上。

魏惠王再次把淳于髡请来，谦恭地说："我曾两次失敬于先生，这是我的过错。那两次我在接收别人送来的马和乐工，说明我那时重声色享乐，轻安邦治国。现在想起来，真是惭愧，请先生原谅！"

淳于髡看魏惠王勇于改过，态度也十分诚恳，于是与魏惠王倾心交谈了起来。

诸葛亮请求降职

> 求必欲得，禁必欲止，令必欲行。
>
> ——〔春秋〕管仲

三国时，蜀军中有个参军叫马谡，喜欢自吹自擂。刘备在临终前曾对丞相诸葛亮说："马谡言过其实，不可大用。"

可是，诸葛亮对此并没有引起足够的重视。他还认为马谡不仅擅长辞令，而且还很有才气，常与他彻夜长谈。

建兴六年（228年）春，诸葛亮挥师北伐曹魏，向祁山进军。蜀军军容整齐，赏罚严肃且号令分明。天水、南安、定安三郡相继叛魏，响应蜀军，在关中引起巨大震动。

为此，魏明帝曹叡亲自坐镇长安，派部将张郃率兵救天水、抗蜀军。诸葛亮闻讯后，料定张郃必定要抢夺街亭这个咽喉要地。于是，诸葛亮问："谁敢领兵去守街亭？""末将愿往！"马谡盛气凌人，当下即立了军令状。

诸葛亮命他为先锋，拨上万精兵归他统率，又派了王平作为他的副将，共守街亭。临行前，诸葛亮一再嘱咐马谡，要他提高警惕。同时还建议最好多架些栅栏，多设置些障碍，只要牢牢地守住就行了。

到了街亭，马谡没有把诸葛亮的话放在心上。王平主张在依山傍水处下寨。马谡却自以为是，不听王平劝阻，执意要把蜀军分兵两路，在山上安营扎寨。结果，魏军来到马谡守军的山下，切断水源，掐断粮道，然后纵火烧山。蜀军饥渴难忍，都惊慌起来，纷纷丢掉武器，四下逃窜，不战自乱。张郃乘势进攻，蜀军大败，街亭失守。刚刚夺取的天水、南安、定安三郡全部丢失，重归曹魏，诸葛亮第一次北伐宣告失败。

诸葛亮退回汉中，见到逃回的马谡，心中后悔不已，连声叹道："都怪我固执己见，当初不听先主的劝告，才至于此，这完全是我的罪过啊！"

于是，他立即传令，将违反军令、严重失职的马谡斩首。接着，又向后主刘禅上书道："丢失街亭，虽然马谡有责任，但主要是微臣用人不当造成的。为此，微臣请求给自己贬职三级。"

贤相宋璟

宋璟，字广平，博学多才，擅长文学，为人刚正不阿。考中进士后，经武则天、唐中宗、唐睿宗、唐殇帝、唐玄宗五朝，做官52年，为振兴大唐励精图治，与姚崇同心协力，辅佐唐玄宗开创了"开元盛世"的局面。

武则天当政时，宋璟担任左御史台中丞。因他率性刚正，所以深受武则天器重。

当时，武则天的宠臣张易之、张昌宗两兄弟，竟不知天高地厚，滋生了野心。长安四年（704年）秋天，许州人杨元嗣举报说："张昌宗曾让术士李孔泰相面，李孔泰声言张昌宗有天子相，并唆使他在定州建造佛寺，说是能让天下归心。"于是，武则天下诏，令宋璟与其他两位大臣共同审理此案。宋璟要依法对二张予以严惩，因二张是武则天的宠臣，武则天舍不得杀他们，便袒护说："张易之与张昌宗已经跟我说清楚原委了，不要再追究了。"宋璟不从，上奏说："二张在事情败露后还为自己辩解，实在难恕。况且谋反大罪不容宽免，请交由御史台审理，以正国法。臣也知道言出

第二章 自尊自重

祸随，但义愤在心，虽死不恨。"武则天听了十分生气，但还是当着群臣的面，将二张送御史台审讯了。

最后，武则天还是下旨将二张赦免了。为了堵住宋璟的嘴，武则天让二张到宋璟府上谢罪，宋璟拒而不见。

有一天，宋璟与二张一同在宫中侍宴。当时，二张已经被武则天封为三品大臣，宋璟只不过是个六品官员。按照国家礼仪，宋璟只能坐在下座。张易之假惺惺地对宋璟说："公乃天下第一人，怎能坐在下座呢？"宋璟软中带硬地回答说："我才低官小，张卿为什么这么说呢？"

有一次，张易之陷害御史大夫魏元忠，还贿赂官员张说，让他作伪证，说魏元忠有谋反言论。张易之是武则天的宠臣，张说怕得罪他，但要违心地诬蔑魏元忠，也让他心里感到不安。在要到御前作证的时候，张说十分恐惧，怕说了实话会引来杀身之祸。宋璟劝他说："做人要坚持正义，不要苟且偷生、阿附邪恶、陷害忠良！如果因为直言触犯了权贵而被贬官，我一定会为你向天子说情。如果你被杀头，我就和你一起死。那样的话，我们会千古流芳。你就放心大胆地伸张正义吧！"他的一番肺腑之言使张说深受感动，于是在朝上据实以对，从而保护了无辜之人。

唐中宗时，一个叫韦月将的人控告武三思与韦皇后私通，并指出武三思父子权力过大，必会叛乱。武三思十分恼怒，暗使手下诬陷韦月将大逆不道，唐中宗听信谗言，要下令杀掉韦月将。宋璟据理力争说："陛下，这事需要仔细审查，不能随便杀人。如果陛下一定要杀掉告状的人，就请先杀掉微臣吧。否则，微臣决不执行命令。"唐中宗没有办法，只好将韦月将流放到岭南。

因为得罪了武三思，宋璟受到排挤，被贬到贝州去担任刺史。即使如此，他刚正不阿的个性也未改变。

自尊自爱
——从不屈不挠到自强不息

这年，贝州洪水泛滥，武三思照旧逼租，宋璟引导百姓抗捐罢税，再次被贬。

唐睿宗时，宋璟针对外戚擅权、任人唯亲、大搞裙带关系的现象，提出了任人唯贤的主张，并不顾太平公主等人的反对，罢去无德无才的官员数千人，因此又得罪了太平公主。当时，宋璟已担任宰相，太平公主想学武则天独揽大权，便鼓动宋璟改立太子，被宋璟严词拒绝，他说："太子是宗庙和社稷的主人，本身又有大功，怎能废掉他呢？"

针对太平公主干预朝政的行为，宋璟联合另一位宰相姚崇一起向唐睿宗上书，请求让太平公主迁居东都洛阳，以防太平公主谋反，唐睿宗不肯采纳他们的建议。太平公主利用这次机会，借口宋璟失礼，把他贬到了偏远的楚州。

宋璟疾恶如仇，却爱民如子。百姓赞誉他为"有脚阳春"，也就是有脚的春天。意思是说，宋璟走到哪里，哪里就像春天来临一样，让人倍感温暖。

唐玄宗即位后，又将宋璟召回京城，让他做了宰相。开元七年（719年）的冬天，一大批候选官员云集京城，听候选拔。唐玄宗想趁此机会，通过下墨敕（即不通过吏部正常考核而由皇帝亲自颁下的敕书）的方式把他的妻舅岐山县令王仁琛升为五品官，好到朝中任职。这实际上是利用皇帝特权照顾皇亲。宋璟听说后，极力反对。他上奏说："朝廷用人应该公正无私，要任人唯贤，不能任人唯亲。对那些皇亲国戚可以适当照顾，但不能无止境地照顾。王仁琛担任岐山县令就已经是照顾他了，如果再提升，就说不过去了。如果陛下一定要提拔他，是不符合任人唯贤的原则的，朝野也会议论此事。希望陛下把这件事交给吏部，让吏部对他进行公开考核，然后根据考核的结果，决定提拔与否。"唐玄宗认为宋璟出于公心，说得合情合理，就采纳了他的意见，收回提拔王仁琛的墨敕。

与此同时，宁王李宪也向唐玄宗上书，请求给他的亲戚候选官员薛嗣安排一个官职。宋璟坚决不同意，他上奏说："安排和提拔官员要通过吏部考核，根据其功劳和才干安排合适的官职，这是国家定法，谁也不能无视它。选拔官吏应公平合理，不可徇私。宁王所奏薛嗣一事，决不可行。"唐玄宗见宋璟说得有理，就不再管宁王的事了。

宋璟的叔父宋元超作为一名候选官员，也来到京城。宋元超一到京城，就到处说他是当朝宰相宋璟的叔父。宋元超想："自己的侄子是当朝宰相，又主管选拔官员的吏部，朝中有人好做官，我谋个一官半职是十拿九稳的。"宋璟听说后，对吏部交代道："宋元超的确是我的叔父，但不能因为他是我的叔父而照顾他。如果他不挑明是我的叔父，尚可按规定参加吏部考核。他既然说出是我叔父，一定是企图走我的后门，通过不正当的手段做官。这不合乎做官必备的德才兼备的'德'字，请取消他的候选资格，以示惩罚！"宋元超弄巧成拙，自讨没趣，只得怏怏而归。

一次唐玄宗出巡，路过河南时因为道路狭窄，车马拥挤在一起，发生了堵塞现象。唐玄宗勃然大怒，下令罢免当地几个官员。宋璟忙上前对唐玄宗说："陛下还很年轻，现在就因小罪严惩地方官，会带来不良影响的。"唐玄宗听了，猛然醒悟，不再追究这件事了。宋璟又对唐玄宗说："陛下因为生气责备了他们，又因为我的几句话而免了他们的罪，他们肯定会对陛下不满，而认为我是好人。因此，不如现在先让他们等候朝廷处理，然后再由陛下降旨赦免他们，他们就会感激陛下了。"唐玄宗一听这话，深受感动，这才知道宋璟平时虽然过于刚正，但完全是出于公心，于是更器重宋璟了。

宋璟为人虽然刚正，但却不伤及无辜。当时有个叫权梁的人想要造反，为了筹备武器，他借口在家里举行婚礼，向很多人借了银子。后来，权梁事发被捕，那些借给他银子的人也被牵连了。宋璟分析了事情的来龙去脉，释放了数百名被冤枉的人。

后来，唐玄宗去泰山举行封禅仪式，把宋璟留在京城坐镇，还让宋璟给自己提一些建议，宋璟马上直言不讳地写了一大篇。唐玄宗看了，赞叹地说："爱卿知无不言，写的句句都是肺腑之言啊！"

为防奸佞小人私下在皇帝耳边进谗言，宋璟提出百官奏事时，必定要有谏官和史官在旁的规定。宋璟敢言人所不敢言，再一次表现出他刚正不阿的性格。

后来，宋璟因为压制犯法官员的申诉，并严禁黑钱流通，得罪了不少权贵而被罢相，直到9年后才再度被拜为尚书右丞相。

坚持原则的张说

以礼义为交际之道，以廉耻为律己之法。

——〔宋〕李邦献

张说，字道济，唐代文学家、诗人、政治家。

武则天时期，宰相狄仁杰死后，魏元忠当了宰相。那时候，武则天宠幸张昌宗和张易之。这两个人权势滔天，满朝文武官员见到

二张，都礼让他们三分。可是，宰相魏元忠却不把他们放在眼里。

魏元忠是个有名的硬汉，在周兴、来俊臣得势的时候，他三次被诬陷遭到流放，有一次差点被处死。但是他始终没有屈服过。后来他担任洛州长史的时候，张易之的仆人在大街上仗势闹事，欺压百姓。当地官员因为闹事的是张府里的人，对此事也束手无策。这件事传到魏元忠那里，魏元忠把那个仆人抓了起来，一顿板子打死了。

魏元忠做了宰相后，武则天想任命张易之的弟弟张昌期为长史，一些大臣为了迎合武则天，都称赞张昌期能干。魏元忠却说张昌期年轻不懂事，干不了这样的大事。这件事就只好搁置了下来。因为这些事，张昌宗和张易之两人对魏元忠怀恨在心，千方百计想把魏元忠除掉。他们在武则天面前诬告魏元忠，说魏元忠在背后议论陛下老了，不如太子靠得住。

武则天听后火冒三丈，把魏元忠关进了牢监，准备亲自审讯，并且要张昌宗他们两人当面揭发他。

张昌宗怕辩不过魏元忠，就偷偷地去找魏元忠的部下张说，要张说作伪证，并且说，只要张说答应，将来就提拔他。

第二天，武则天上朝，召集太子和宰相，让张昌宗和魏元忠当面对质。魏元忠说什么也不承认有这回事。两人争论了半天，没有结果。张昌宗说："张说亲耳听到魏元忠说过这些话，可以找他来作证。"

武则天立刻传令张说进宫。跟张说一起的官员听说他要上朝作证，才知道发生了什么事。宋璟对张说说："一个人的名誉是最可贵的。千万不要为了保全自己，去附和奸臣、陷害好人啊！即使因此得罪了朝廷，被流放出去，脸上也光彩。"史官刘知几也在旁边提醒张说说："不要玷污你的历史，连累后代子孙啊！"张说明知魏元忠是被冤枉的，但是又害怕二张的权势，思想斗争得很厉害，头上直冒汗，听了宋璟他们的一番话，才稍微壮了些胆子。张说进了朝堂。武则天问他说："你听到魏元忠诽谤朝廷的话了吗？"魏元忠一见张说进来，就高声说道："张说，你想跟张昌宗一起诬陷我吗？"张说回过头来"哼"了一声，说："魏公枉做宰相，竟说出这种不懂道理的话来。"张昌宗一看张说的话不对头，就在旁边催促他，说："你别去管他，快把你听到的说出来吧。"张说向武则天说："陛下请看，在陛下面前，张大人还这样胁迫我，可以想象张大人在宫外是怎样作威作福的了。现在我不能不实说，我确实没听魏元忠说过反对陛下的话，只是张大人逼我作伪证罢了。"张昌宗一见张说变了卦，气急败坏地叫了起来："张说是魏元忠的共犯。"武则天是个聪明人，听了张说的答话，知道魏元忠的确冤枉，但是她又不愿让张昌宗下不了台，就骂张说道："你真是个反复无常的小人。"说着，就命令侍从把张说抓起来。此后，武则天又派人审讯张说。张说横下一条心，咬定他没有听到魏元忠说过谋反的话。

武则天没有抓到魏元忠谋反的证据，但还是罢免了魏元忠的宰相职务，又把张说判了流放罪。

张说不畏强权，坚持正义，即使面临生死考验也不放弃自己的立场，后被誉为开元名相。

唐太宗下"罪己诏"

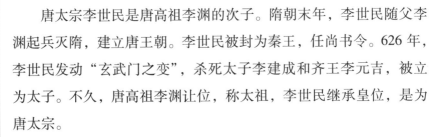

仰不愧于天，俯不怍于人。

——〔战国〕孟子

唐太宗李世民是唐高祖李渊的次子。隋朝末年，李世民随父李渊起兵灭隋，建立唐王朝。李世民被封为秦王，任尚书令。626年，李世民发动"玄武门之变"，杀死太子李建成和齐王李元吉，被立为太子。不久，唐高祖李渊让位，称太祖，李世民继承皇位，是为唐太宗。

唐太宗不仅善于纳谏、精于用人，而且能比较自觉地以国家法律约束自己，一旦发觉自己的做法违背了法律还能认真进行检讨。

有个叫党仁弘的大将做广州都督时，贪污了上百万的钱财。这件事被人告发后，主管司法的大理寺将他依法判处死刑。可是唐太宗一直很器重党仁弘，认为他是个非常难得的人才，舍不得杀他。于是便下了一道圣旨，取消了大理寺的判决，改判撤销职务、流放边疆。之后，唐太宗心里很不安，感到自己出于个人感情，置国家法律于不顾，很不应该。于是他把大臣召到金殿上，沉痛地向大家检讨说："皇帝应该带头执行国家的法律，而不能因为私念，不守法律，失信于民。我因私念袒护党仁弘，赦免了他的死罪，实在是以私心乱国法啊！"

有些大臣想宽慰唐太宗几句，但唐太宗说完以后又当场宣布，因为这件事，他将到京城的南郊去，住草房、吃素食，向上天谢罪3日。

这下，满朝的大臣都惊呆了，认为唐太宗为这事要向上天谢罪，有点太过了，于是便纷纷跪下劝阻。宰相房玄龄对唐太宗说："皇帝是一国之主，本来就掌握着生杀大权，陛下何必把这件事看得这样重，内疚自贬到这种程度呢？"

唐太宗并没有因为大家的劝说、宽慰而原谅自己。他自责地说："正因为皇帝掌握生杀大权，才更应该慎重对待，严格地按照国家法律办事呀。而我却没有听从大理寺依法判决的正确意见，反而不顾法律，一意孤行，这叫我怎么能原谅自己呢？"

天快黑了，唐太宗见大家一直跪在地上阻拦，硬是不让他去郊外，便感慨万分地说："你们不要跪在地上了，快起来吧。我决定暂时不到郊外向上天谢罪了。但是，我一定要下诏书，把自己的罪过公布于天下！"说着就毅然拿起笔来，写了一道"罪己诏"。唐太宗在"罪己诏"中检讨自己说："我在处理党仁弘之事上，有三大过错：一是知人不明，错用了党仁弘；二是以私乱法，包庇了党仁弘；三是赏罚不明，处理得不公正。"唐太宗向大臣们宣读之后，立即下令，将他的"罪己诏"向全国的臣民公布。

戚景通严律己过

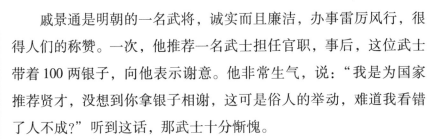

要人敬者，必先自敬。

——陶行知

戚景通是明朝的一名武将，诚实而且廉洁，办事雷厉风行，很得人们的称赞。一次，他推荐一名武士担任官职，事后，这位武士带着100两银子，向他表示谢意。他非常生气，说："我是为国家推荐贤才，没想到你拿银子相谢，这可是俗人的举动，难道我看错了人不成？"听到这话，那武士十分惭愧。

朝廷信任戚景通，派他担任江南运粮把总，负责监督江南各地的运河口岸，将国家征收到的税粮装船，然后运向北京国库太仓。一天，一位官员带上一包银子到戚景通府上，说："把总，这是您应得的'羡余'，请清点查收！"

原来，当时有这样的规定：官府在征收税粮时，还要征收一种附加税，来支付运粮时的劳务费用，叫"加耗"；加耗如果用不完，可以分给各级官吏作补助费，叫"羡余"。

戚景通拒绝收这笔钱，说："我是朝廷任命的江南运粮把总，收这笔钱就是侵吞公粮公款！这钱我不能收！"

当一批税粮已经装船待运的时候，有一名属员来报告："这批

自尊自爱
——从不屈不挠到自强不息

税粮的总数，和账簿上的数目对不上，怎么办?"戚景通很着急，问:"总数差多少?"属员说:"粮食已经装船，打上封条了，具体数目说不清。"

戚景通说:"打上封条就不好卸下来重新计算了，但是这件事一定要查清。"他想了想，告诉属员:"你带上账本，随船去北京，卸货进国库前，再做一次核对。"属员说:"把总，那可不好，那不就在上司面前暴露我们的过失了吗?"

戚景通说:"我自任职以来，一心一意为国家做事，从来不敢推诿自己的过失。如果真的出事了，我宁可随时接受处分，也不能欺骗别人，欺骗自己!"

一直在旁商议事情的张千户想出了一个主意，说:"把总，让我带上几百两银子，随船去北京，卸粮时，发现税粮短缺多少，立即用银子补齐，就可以不承担责任了。"

戚景通笑了笑，说:"我为了诚实对待公家，宁愿承认自己的过失，接受处分，怎么可以用这种方法文过饰非、欺骗他人呢?"

满载税粮的船队，从江南启航了，几个月后，在北京卸货运入国库时，属员在对着账簿核对时，果然发现有短缺，戚景通受到了降职处分。后来弄清了原因，不是他的责任，又官复原职。戚景通虽然一时受了委屈，但他襟怀坦白、严律己过的精神，一直受人称赞，并且深深地影响了他的儿子戚继光。

博爱的刘备

　　起兵之初的刘备由于没有根基，被曹操追杀，只得带着关羽、张飞、赵云投靠了荆州的刘表。

　　张武在江夏造反，刘表交给刘备3万人马到江夏平乱。两军对阵时，因张武的战马极其雄骏，引得刘备在阵前赞不绝口。一旁的赵云领会了刘备的意图，挺枪而出，直取张武，不到三回合，就将张武挑下马来，随之将战马牵回，献给了刘备。

　　平乱凯旋，刘表看到刘备的新坐骑健骏超群，称赞不已。刘备正愁无以表达对刘表的感激之情，便立即将马送给了刘表。

　　刘表的部将蒯越懂相马之术，他对刘表说："此马眼下有泪槽，额边生白点，名字叫的卢，骑则害主人。张武因此马而亡，主公万不可乘。"刘表听了蒯越的话，吓得第二天便将的卢马送还给刘备，于是这匹马又跟随了刘备。刘表的幕僚伊籍对刘备说："将军千万不可乘此马。"刘备恭敬地向伊籍求教原因。"我昨日听到蒯越对主公说，此马名的卢，骑之害主，因而今日主公将此马送还将军，将军怎么可以再骑它呢？""多谢先生的指教。"刘备抚摸着的卢马头说，"可人生死在天，岂是马能左右的呢？"刘备不以为然，骑上的卢马而去。

刘备的到来，引起了刘表的妻子蔡夫人和她的弟弟大将蔡瑁的不满，认为志高远大的刘备一定会将荆州占为己有，于是决定除掉刘备。

蔡瑁代刘表在襄阳宴请百官，请刘备赴宴。席间百官纷纷向刘备敬酒。

自从伊籍指出的卢马的利害后，刘备与他便成了知己。此刻，伊籍乘向刘备敬酒时，一边使眼色，一边悄声说："请更衣。"刘备会意，借口上厕所，离开宴席。"将军快逃吧！"伊籍在后园见到刘备后急切地说，"蔡瑁已备下刀斧手，就要下令杀将军！"刘备大惊，骑上的卢马，冲出襄阳西门，飞驰而去。

蔡瑁得知刘备逃走，立即带兵追杀。

的卢马快，襄阳城渐远。刘备正暗自庆幸，一条水急浪翻的河拦在了前头。河名为檀溪，宽数丈，无桥可行。眼看追兵将到，情急中，刘备纵马下河，孰料仅行数步，的卢马的前蹄便陷到泥里。此刻，已清晰可见追兵在阳光下闪着白光的盔甲，追兵转瞬间便要追到河边。

刘备拼尽力气，扬鞭打马，高呼道："的卢，的卢，你真的要害我吗？"

奇迹发生了。受到鞭笞的的卢马突然扬头长嘶，从水中一跃而起，就像腾云一般飞到了对岸。

刘备逃脱了蔡瑁的追杀，回到新野城。一日，刘备在市上见一位鹤骨仙风的老先生吟歌走来，像是个贤达之士，便下马拜见。来者姓单名福，果然是个名士。刘备向单福求教平天下的大事，单福却指着的卢马说："此为的卢马，害主，不可乘之。"

第二章

自尊自重

63

刘备说："此言已应验了。"

单福摆摆手说："的卢檀溪一跃是救主，但它终要害一个主人的。我有一个办法，将军将它赐给仇人，仇人被的卢妨害后，将军再乘就无妨了。"

刘备听罢，勃然变色："先生明知的卢害主，却让我为自己之利送出害人。我不敢再向先生请教了。"单福大笑："我是在试探将军的心啊。将军果然是个有仁德之心的人，我愿辅佐将军。"

"己所不欲，勿施于人"是孔子的名言，是说自己不愿意做的事情，就不要强加在别人身上。刘备"的卢马害主不送人"的故事体现了这种以博爱之心待人、自尊自重、让社会充满温馨与和谐的道德风尚。

光明正大的班超

> 三军可夺帅也，匹夫不可夺志也。
>
> ——《论语·子罕》

班超是东汉时期著名的军事家、外交家，他的一生惊险、曲折，有不少传奇的故事流传到今天。

班超一家人都是历史上有名的人物，父亲班彪以《史记》所记史实，收集史料，作《后传》65篇；哥哥班固、妹妹班昭在《后传》的基础上，继续编撰，修成《汉书》。

班超虽然出身于书香门第，却从小就表现出另一方面的才干。他20多岁时，有一次，有人告发班固私自编写国史，结果班固被抓进大牢，性命危在旦夕。班超气愤极了，他一个人跑到京城，跪在皇宫外面喊冤。汉明帝听说以后，觉得挺有趣，就把他叫了进来，想听听他说些什么。在威严的天子大殿上，班超一点都不惧怕，他慷慨陈词，口若悬河。既讲清了哥哥编史书的宗旨，又指出了这部史书的重要作用。汉明帝看他说得头头是道，一高兴就把班固放了出来，还让班固到京城专门为朝廷编写史书。

班超也跟着班固来到京城，做些抄写工作，挣钱来贴补家用。班固觉得弟弟很有才华，就打算让班超来帮他编史书。可他不知道的是弟弟的志向却不在这方面。有一天，班超正在抄写文书，抄着抄着，他烦躁起来。最后，他干脆把毛笔扔在地上，重重地叹了口气说："身为大丈夫，就该像张骞那样，到塞外去立大功，列王封侯，怎么能整天闷在书房里靠抄抄写写来养家糊口呢！"这时候，正赶上奉车都尉窦固率军出征匈奴。班超就毅然来到窦固的帐下，做了军人。后来有个成语叫"投笔从戎"，说的就是班超扔下笔杆子去从军的典故。

班超在军中作战勇敢，又有智谋，很受窦固的赏识。窦固便派班超和从事郭恂带着36个随从，出使西域。

班超果然不负众望，他第一次出使就降服了鄯善国。消息传回京城，汉明帝很高兴，让窦固给班超增兵。可班超谢绝了，他认为自己身边有原先的36名勇士就足够了，降服各国靠的是大智大勇，恩威并施，人多了反而不方便。接着，他带着这36人又征服了于阗、疏勒等西域大国。还联合各国军队击败龟（qiū）兹国、尉头国的进攻，又平定了各国的小股叛乱，还劝降了拘弥、月氏

第二章 自尊自重

(zhī)、乌孙、康居等国家。西域从此又与汉朝建立了往来，恢复了"丝绸之路"的交通。在这期间，班超的人马最多不过上千人，但班超对下级诚心诚意，胸怀坦荡。遇到危险，他冲在前面；有了功劳，他不独占。大家都愿意跟着他出生入死，所以，他手下的人个个都能以一当十。

班超功劳越来越大，就有人嫉妒他，背后说他的坏话。

有一次，班超劝降了乌孙国，并且让乌孙国国王派使臣到洛阳去晋见皇帝。这时候，汉明帝已经死了，汉章帝在位。他见到使臣，非常高兴，大大赞扬了班超的才干，并且同意按班超的主张，联合乌孙攻打龟兹国。汉章帝重赏了乌孙国的使臣，又拿出了许多礼物，让使臣带回去送给乌孙国国王。为了表示对来使的尊重，汉章帝还派了个叫李邑的卫侯护送使臣回国。

不料，这个李邑却是个贪生怕死的家伙。他率队走到于阗国的时候，正遇上龟兹国攻打疏勒国，虽然他驻扎的地方离战场很远，而且还有别的路可以绕过去到达乌孙国。可李邑却死活也不敢再往前走了，他生怕哪天会遇上打仗，把自己的性命丢在这荒凉僻远的塞外沙漠中。可是，中途退回去，又怎么向皇上交差呢？李邑是进不敢进，退不敢退，整天愁眉苦脸，唉声叹气，想不出办法来。这时候，李邑的一个手下给他出了个恶毒的主意，李邑一听，立刻转忧为喜，连忙吩咐人按这个主意去办。

不久，朝廷接到了一封李邑派人送回来的奏疏，里面的大意是说，他到了西域后，发现这里的人野蛮好斗，到处都在打仗，根本就没有归顺汉朝的意思。而班超呢，他在这里娶了娇妻美妾，整天抱着儿子享清福，他当然不愿意回到中原，所以班超才对陛下撒谎说西域可以收服。他这是出于个人的私欲，让国家白白劳民伤财呀！劝陛下收回联络乌孙国的命令，并召班超回京问罪。

自尊自爱
——从不屈不挠到自强不息

66

这封奏疏的内容一下子就在朝中传开了，李邑派回来送信的人又到处散播谣言，那些原来就对班超有成见的人也都活动起来，准备劝汉章帝改变对西域的政策。一时间，班超欺骗皇上的消息闹得满城风雨，舆论对班超很不利。

远在疏勒国的班超听说这个情况后，不禁叹气道："从前有个叫曾参的人，以仁爱忠信出名。有人嫉恨他，就跑到他母亲那里去造谣，说曾参杀人了。第一次，曾母不信；第二次，曾母开始有点怀疑；第三次，曾母就信以为真了。所以说，谣言重复三次，就不由人不信了。可惜我自己并没有曾参那样大的名气，却碰到了他那样的遭遇。"

没想到，汉章帝却是个头脑清醒的皇帝，他听了大臣们的议论后，立刻驳斥道："这都是一派胡言！就算班超不想回中原，难道他手下那些将士也没有一个想回家的吗？为什么他们都能跟班超一条心，为他出生入死呢？"

随后，汉章帝就下了一道诏书，把李邑臭骂了一顿。责令他老老实实地到疏勒国去见班超，听候班超的吩咐。另外，汉章帝又给班超下了一道诏书，告诉他说："等李邑到了你那里，你可以把他留下来，任凭你发落。"

李邑领了诏书，直后悔自己当初自作聪明，结果却偷鸡不成蚀把米，这回怕是真没命了。可是，等他到了疏勒国，班超却一点也没有为难他，只是叫人招待他住下。然后，班超另外派人护送乌孙国使臣回国。还让使臣带信给乌孙国国王，劝他按照常规，把王子送到洛阳去做人质，以表示对汉朝的忠诚。乌孙国国王欣然答应了班超的劝说，很快就把儿子送到了班超这里。

这天，班超把李邑叫来，对他说："李大人，现在有件公务要劳你的大驾，请你护送乌孙国王子去洛阳。你看怎么样？"

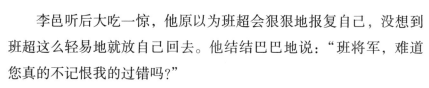

李邑听后大吃一惊，他原以为班超会狠狠地报复自己，没想到班超这么轻易地就放自己回去。他结结巴巴地说："班将军，难道您真的不记恨我的过错吗？"

班超淡淡一笑说："你我都是朝廷大臣，如果总是你害我，我害你，怎么能一心为国家效力呢？既然你的才干不适合在这里发挥，勉强你留下来，对国家也没有好处。所以还是请你回去，我们各自诚心为国尽忠就是了。"

李邑又是羞愧，又是感激。他回到洛阳后再也没有说过班超一句坏话。

这边，班超手下的人却有点不解气，他们对班超说："李邑这家伙昧着良心造谣生事，险些坏了将军的大事。虽说您胸怀坦荡，不记恨他的过错，可也不应该放他回去呀，万一他又在京城胡说八道怎么办？"

班超答道："正因为他说过我的坏话，我才让他回去。这不正说明我们光明正大，没有什么见不得人的地方吗？只要我们在反省自己的内心时，没有什么感到内疚的事情，我们就不怕别人说什么。"

众人听班超这样讲，虽然还有点不解气，可都打心眼里佩服班超诚实、坦荡的胸怀，也就更愿意跟着班超为国尽忠了。

后来，班超率领手下打了更多的胜仗，还在西域各国传播友谊，帮助那里的人民发展生产，建立友好往来。直到他 71 岁那年，才奉诏回到洛阳。这时，他已经年老体衰，病魔缠身，回到洛阳一个月后，就与世长辞了。

刚正为人的辛公义

辛公义是陇西狄道（今甘肃临洮）人，早年就死了父亲，由母亲一人抚养。母亲亲自教他读书，他读书十分勤奋。后因品学兼优，被挑选去做了太学生。当时的人都很仰慕他。

学成后，辛公义参加了隋朝统一全国的战争，因功出任岷州刺史。

仁寿元年（601年），隋文帝任命辛公义为扬州道黜陟大使，巡视扬州。扬州总管豫章王杨暕害怕自己的属官有犯法的会被辛公义严办，没等辛公义入境，就预先叫人去迎接辛公义，并向他打招呼，请他多多关照。

原来，杨暕是隋炀帝次子，他为人极其荒唐，骄恣不法，见到漂亮的女子就抢，当着父亲的面竟敢和后母勾搭。

辛公义为人刚正不阿，见杨暕派人来打招呼，立即义正词严地回答说："我奉皇上的命令而来，是不敢徇私情的。"

辛公义到扬州后，对犯法的官吏毫不徇私，依法定罪。为此，杨暕十分恨他。

隋炀帝即位后，杨暕的心腹扬州长史王弘到皇宫当了黄门侍郎。他借机公报私仇，常在隋炀帝面前说辛公义的坏话。隋炀帝听信谗言，竟罢免了辛公义。

听说辛公义被罢官了，好些官员络绎不绝地到皇宫门外为他喊冤。几年后，隋炀帝终于醒悟，下令让辛公义官复原职。后来，辛公义受到提拔，并随隋炀帝出征，到柳城郡时不幸去世，时年62岁。从此，隋炀帝的身边只剩下一些奸臣，隋朝一步步走向了灭亡。

自尊自爱
——
从不屈不挠到自强不息

刚直不阿的褚遂良

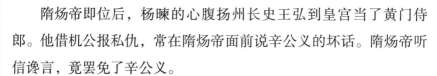

奉公如法则上下平，上下平则国强。

——〔汉〕司马迁

褚遂良是我国唐朝著名书法家。其书法后期继承王羲之传统，外柔内刚，笔致圆通，见重于世，与欧阳询、虞世南、薛稷并称为"初唐四家"。

褚遂良不仅是位书法家，还是一位良史。所谓良史，就是刚直不阿的史官，如董狐、司马迁等都是良史。他们秉笔直书，不畏强权。

贞观十五年（641年），褚遂良入朝担任谏议大夫，又负责记起居注。起居注是帝王的言行录，每天有专人记录，事事不漏，是修史的重要依据，史官据以编修国史。

有一天，唐太宗问褚遂良道："你近来负责记起居注，起居注里都记些什么啊？我很想看一看起居注里的内容，希望能回顾过去的行为得失，警诫自己，避免重犯过去的错误。"

褚遂良一脸难色，略带歉意地说："起居注既是用来记载皇帝的言行的，那就无论好的坏的都要记载下来。起居注的设立，客观上是能起到不让皇帝去做非法之事的作用，但没有听说过皇帝亲自察看史官记录的事。"

唐太宗一心想做个好皇帝，因此最担心自己的不良行为被记录下来，于是又问道："我如果说了错话，或做了错事，也一定要记下来吗？"

褚遂良回答说："做官就要忠于职守，我的职责就是把陛下的言行都记下来，好的坏的都不能漏掉。"这话说得太不留情面了，唐太宗有点接受不了，黄门侍郎刘洎（jì）正好在旁边，忙上前说："皇上有了过失，就好像日食、月食，天下的人都会看到的，即使褚大人不记录，天下的人也会记下来的。"唐太宗一听把他比作日月，心中怒火顿消，没有再说什么。

褚遂良是一位刚正不阿的忠臣，也是一位信守古代良史原则的史官。他没有迎合唐太宗，即使冒犯龙颜也在所不惜。正因为他为人正直，唐太宗临死前，把辅助太子的重任交给了他和另一位大臣长孙无忌。

忠贞信义的叔孙豹

> 宁为玉碎，不为瓦全。
>
> ——《北齐书》

　　春秋时期，为了制止各国之间的战争，宋国召集晋、楚两国在宋国会盟，平分霸权。

　　几年后，盟约破裂，宋国再次约合晋、楚，并会合各国在宋结盟。没想到，正在这时，鲁国的执政者季武子，派兵攻打莒国，占领了郓地。莒人就向盟会各国报告。楚使对晋使说："重温旧盟还没有结束，鲁国就破坏盟约，应该把鲁国的使者叔孙豹杀死。"当时，晋大夫乐王鲋同晋国的执政赵武，一起来参加大会，他向叔孙豹索取贿赂，作为向赵武说情的条件。他派人向叔孙豹以要革带为借口，索取财物，但遭到叔孙豹的拒绝。叔孙豹的家臣劝他说："财货是用来保卫自身的，您有什么值得爱惜的？"叔孙豹说："诸侯的盟会，是为了保卫各自的国家。如果用贿赂免于祸害，鲁国必然要受到进攻，还谈得上什么保卫呢？人的住处之所以要有墙壁，就是用来防备坏人的，如果墙壁有了裂缝，那是谁的过错？本来是为了保卫它，现在反而受到了侵害，那我的罪过是不可饶恕的了。虽然我应该埋怨季武子的行为不谨慎，但鲁国又有什么罪呢？"于是他就召见乐王鲋的使者，扯下了一片做衣裳的帛给他，并说："革带太窄了。"

赵武听到这件事后说："面临祸患而不忘记国家，这是忠；危急中仍忠于职守，这是信；为国家打算而不顾自己的生死，这是贞；谋事以忠、信、贞为原则，这是义。具备这四种品德的人，难道可以杀害他吗？"于是，他就请求楚使赦免了叔孙豹。

韩休耿直一生

所守者道义，所行者忠信，所惜者名节。

——〔宋〕欧阳修

韩休，字良士，唐朝长安（今陕西西安）人。唐玄宗先天元年（712年），韩休考中进士。

唐玄宗开元十二年（724年），韩休出京担任虢州刺史。

虢州位于东京（洛阳）和西京（长安）之间，皇帝经常路过这里，总要征收马厩税和草料税。为了减轻百姓负担，韩休向朝廷提出申请，请求将虢州的税由虢州和其他州共同分担。中书令张说不悦道："免去虢州的税而分给别的州，这是守臣为自己谋私利。"韩休见朝廷不批，仍坚持申请。他的下属担心这样做会惹怒宰相，韩休说："知道百姓之苦而袖手旁观，怎配当官呢？就是因此而获罪我也甘心。"最终，朝廷同意了韩休的请求。

不久，因母亲去世，韩休辞职回家。服孝完毕后，韩休又回到朝廷做官，担任过工部侍郎，兼任知制诰，后来又升任尚书右丞。

侍中裴光庭去世后，唐玄宗让中书令萧嵩推荐能代替裴光庭的人。萧嵩一向赞扬韩休的志向和品行，于是推荐他出任黄门侍郎、同中书门下平章事，做了宰相。

韩休为人耿直，不追求名利。他担任宰相后，天下的人都认为他很合适。

自尊自爱
——从不屈不挠到自强不息

万年县县尉李美玉因过失犯罪，唐玄宗要把他流放到岭南去。韩休说："县尉不过是个小官，李美玉犯的又不是大罪，不必流放到岭南去。如今朝廷里有大奸臣，请先惩治他们。金吾大将军程伯献依仗恩宠，贪赃枉法。他家里的房屋、轿子、车马都越制违规了。请陛下先惩治程伯献，然后再惩治李美玉。"唐玄宗不同意，韩休坚持说："小罪不被宽容，大奸竟然不责问。陛下如果不惩治程伯献，臣就不敢奉诏惩治李美玉。"唐玄宗无可奈何，便同意了他的请求。

当初，萧嵩认为韩休为人温和，平易近人，因此推荐了他。韩休做宰相后，有时在处理政务时会顶撞萧嵩，萧嵩心里很不舒服。宋璟听说后，赞扬道："没想到韩休能这样做，这是仁者之勇啊！"

萧嵩心胸宽厚博大，韩休为人刚正不阿，两人正好可以互相弥补。对于时政的得失，韩休一说起来就非常详尽。

唐玄宗有时在宫中宴饮或在苑中打猎时，常常对左右的人说："韩休知道不知道？"话刚说完，韩休进谏的奏章就递上来了。

有一天，唐玄宗对着镜子默不作声，左右的人说："韩休做宰相后，陛下瘦了很多，为什么不罢免他？"唐玄宗叹息道："我虽然瘦了，天下却肥了。萧嵩常顺着我，我退朝后，常无法安眠。韩休经常据理力争，我退朝后，睡得很安稳。我用韩休是为了国家，不是为自己啊！"

刚正的尹君

千人之诺诺，不如一士之谔谔。

——《史记·商君列传》

唐太宗时，由于重用了魏征那样的敢于直言的忠臣，一时言路大开，形成风气。

当时坊州（今陕西黄陵隆坊）有个官吏叫尹君。他在杨纂手下做事，主要负责征集百姓税收之事。有一天，尚书省忽然向坊州下达一道指令，要坊州征集杜若。杜若是一种中药材，又名竹叶莲，能治蛇虫咬伤及腰疼等症。尹君接到此令，不禁眉头紧皱。他自言自语地说："杜若生长在南方。坊州地处北国，哪里来的什么杜若？真是岂有此理！"

尹君不想为难百姓、取悦上司，便在尚书省的指令上写了一段文字，连同指令一起退还尚书省。他说："坊州根本没有什么杜若，这是天下共知的事。尚书省忽然下令要这种东西，恐怕是读了谢朓的诗生出的误解。高贵的尚书省的官员们，你们仅凭一句诗就来向坊州要杜若，不怕天上的二十八星宿笑话你们吗？"

75

话说得尽管带有挖苦的意味，但说的却是实情。尚书省收到坊州退还的指令和尹君附在上面的文字，十分赏识尹君实事求是和刚正不阿的精神。杨纂得知此事也非常高兴。后来，杨纂为雍州（治所在长安，后更名为京兆府）长史时，便提拔尹君为雍州司法，负责审理全州案件等。

一次，金城坊被盗。据失主说，他影影绰绰地看见一个头戴胡帽的人，把帽子压得低低的，估计作案的是一个胡人。杨纂据此便要下令把全城的胡人一个个都抓起来审问。尹君对此举不以为然。他对杨纂说："我看大人此举有些鲁莽。试想贼人作案，有时惯于伪装。贼人故意戴上胡帽作案，这种可能性也不是没有。大人，我看此贼敢于进内室作案，绝不是初来乍到者，而是对此地情况比较熟悉的一个人。因此大人只需在本城西市一带访查就行了。"

杨纂被尹君一说，有些扫兴，便拉下脸来说："你说作案的不一定是胡人，难道你是收了作案人的贿赂不成？"

尹君听了杨纂的话仍未改初衷，起草文稿时仍按照自己的意见写。杨纂看了尹君的文稿，慨叹再三，自愧弗如，只得在文稿上批上一段话："我的意见确实比尹君的意见输一筹。我同意尹君的意见。"

后来，这事传到唐太宗那里。唐太宗当时正在临摹王羲之和王献之的书帖，听后深有感触地说："朕用杨纂，听说他知错就改，服输一筹。我整天深居内宫，耳不聪，目不明，和尹君比又会输几筹呢？"

自尊自重的孟尝君

田文，即孟尝君，齐国宗室大臣，"战国四公子"之一。其父靖郭君田婴是齐威王最小的儿子、齐宣王的异母弟弟，曾于齐威王时担任要职，于齐宣王时担任宰相，封于薛（今山东滕州东南），权倾一时，谥为靖郭君。田婴死后，田文继位于薛，是为孟尝君，以广招宾客、食客三千闻名。

孟尝君为了巩固自己的地位，专门招收人才。凡是投奔到他门下来的，他都收留下来，供养他们。这种人叫作门客，也叫作食客。其中有许多人其实没有什么本领，只是混口饭吃。

战国时期，秦昭襄王为了拆散齐楚联盟，使用了两种手段：对楚国，他用的是硬手段；对齐国，他用的是软手段。他听说齐国最有势力的人臣是孟尝君，就邀请孟尝君去咸阳，说是要拜他为丞相。

孟尝君去咸阳的时候，带了一大帮门客。秦昭襄王亲自迎接他。孟尝君献上一件纯白的狐狸皮做的袍子作见面礼。秦昭襄王知道这是很名贵的银狐皮，很高兴地把它藏在仓库里。

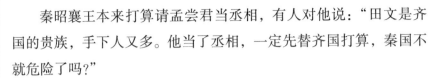

秦昭襄王本来打算请孟尝君当丞相，有人对他说："田文是齐国的贵族，手下人又多。他当了丞相，一定先替齐国打算，秦国不就危险了吗？"

秦昭襄王说："那么，还是把他送回去吧。"

又有人说："他在这儿已经住了不少日子，秦国的情况他差不多全知道，怎能轻易放他回去呢？"

秦昭襄王就把孟尝君软禁起来。

孟尝君十分着急，他打听到秦昭襄王身边有个宠爱的妃子，就托人向她求救。那个妃子叫人传话说："叫我跟大王说句话并不难，我只要一件银狐皮袍。"

孟尝君和手下的门客商量，说："我就这么一件银狐皮袍，已经送给秦王了，哪里还能要得回来呢？"

有一个门客说："我有办法。"

当天夜里，这个门客就摸黑进王宫，找到了仓库，把银狐皮袍偷了出来。

孟尝君把银狐皮袍送给秦昭襄王的宠妃。那个妃子得了皮袍，就劝说秦昭襄王释放孟尝君。秦昭襄王果然同意了，发下过关文书，让孟尝君他们回去。

孟尝君得到文书，急急忙忙地往函谷关跑去。他怕秦昭襄王反悔，还改名换姓，把文书上的名字也改了。到了关上，正赶上半夜。依照秦国的规矩，每天早晨，关上要到鸡叫的时候才许放人出关。大家正在愁眉苦脸盼天亮的时候，忽然有个门客捏着鼻子学起公鸡叫来。一声跟着一声，附近的公鸡全都叫了起来。

守关的人听到鸡叫，开了城门，验过过关文书，让孟尝君一行人出了关。

秦昭襄王果然反悔了，派人追到函谷关，而孟尝君此时已经走远了。

孟尝君回到齐国，当了齐国的相国。他的门客更多了。他把门客分为几等：头等的门客出行有车马，一般的门客吃饭有鱼肉，至于下等的门客，就只能吃粗菜淡饭了。有个名叫冯谖（xuān）（一作冯煖、冯驩）的老头子，穷苦得活不下去，便来投奔孟尝君。孟尝君问管事的："这个人有什么本领？"

管事的回答说："他说他没有什么本领。"

孟尝君笑着说："把他留下吧。"

管事的懂得孟尝君的意思，就把冯谖当作下等门客对待。过了几天，冯谖靠着柱子敲着他的剑哼起歌来："长剑呀，咱们回去吧，吃饭没有鱼呀！"

管事的报告给孟尝君，孟尝君说："给他鱼吃，照一般门客的伙食办吧！"

又过了5天，冯谖又敲打他的剑唱起来："长剑呀，咱们回去吧，出门没有车呀！"

孟尝君听到这个情况，又跟管事的说："给他备车，照上等门客一样对待。"

又过了5天，孟尝君又问管事的，那位冯先生还有什么意见。管事的回答说："他又在唱歌了，说什么没有钱养家呢。"

孟尝君问了一下，知道冯谖家里有个老娘，就派人给他老娘送了些吃的穿的。这一来，冯谖果然不再唱歌了。

孟尝君养了这么多的门客，管吃管住，光靠他的俸禄是远远不够开销的。他就在自己的封地薛城向老百姓放债收利息，来维持他家巨大的耗费。

有一天，孟尝君派冯谖到薛城去收债。冯谖临走的时候，向孟尝君告别，问："回来的时候，要买点什么东西吗？"

孟尝君说："你瞧着办吧，看我家缺什么就买什么。"

冯谖到了薛城，把欠债的百姓都召集起来，叫他们把债券拿出来核对。老百姓正在发愁还不了这些债，冯谖却当众假传孟尝君的命令：还不了债的，一概免除。

老百姓听了将信将疑，冯谖干脆点起一把火，把债券都烧掉了。

冯谖赶回临淄，把收债的情况原原本本地告诉了孟尝君。孟尝君听了十分生气："你把债券都烧了，我这里几千门客吃什么？"

冯谖不慌不忙地说："我临走的时候您不是说过，这儿缺什么就买什么吗？我觉得您这儿别的不缺少，缺少的是老百姓的情义，所以我把情义'买'回来了。"

孟尝君很不高兴地说："算了吧！"

后来，孟尝君的声望越来越大。秦昭襄王听到齐国重用孟尝君，很担心，暗中打发人到齐国去散播谣言，说孟尝君收买民心，眼看就要当上齐王了。齐湣王听信了这些谣言，认为孟尝君名声太大，威胁到了他的地位，决定收回孟尝君的相印。孟尝君被革了职，只好回到他的封地薛城去。

这时候，他的门客大都散了，只有冯谖跟着他，替他驾车回薛城。当他的车马离薛城还有 100 里的时候，薛城的百姓扶老携幼，都来迎接。

孟尝君看到这番情景，十分有感触。他对冯谖说："你过去给我'买'的情义，我今天看到了。"

宋庆龄信守诺言

第二章

自尊自重

宋庆龄，广东文昌（今属海南）人，生于上海，爱国主义、民主主义、国际主义、共产主义战士，曾任中华人民共和国名誉主席。

新中国成立后的一天，一所幼儿园接到通知，说宋庆龄奶奶要来看望孩子们。大家听了都非常高兴，把教室内外打扫得干干净净，孩子们都换上了新衣服。一切准备就绪，只等宋奶奶光临。

俗话说："天有不测风云。"突然间，天起风了。霎时间，倾盆大雨。大家议论开了："宋奶奶可能不会来了。"宋奶奶真的不会来了吗？"嘀嘀"！大门口有汽车喇叭声。是宋奶奶来了！她不顾寒冷，冒着大雨来了。

宋奶奶笑容满面地走下汽车，走到孩子们中间。一位老师怀着歉疚的心情说："天气不好，您就改个日子再来嘛！"宋奶奶摇了摇头，认真地说："不，我不能失信，我应当遵守诺言！"宋奶奶给大家讲了她小时候的一件事。

一次，她的同学小珍约她第二天教小珍叠花篮。第二天早晨，

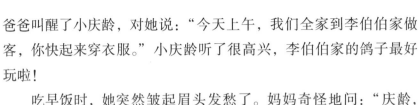

爸爸叫醒了小庆龄，对她说："今天上午，我们全家到李伯伯家做客，你快起来穿衣服。"小庆龄听了很高兴，李伯伯家的鸽子最好玩啦！

吃早饭时，她突然皱起眉头发愁了。妈妈奇怪地问："庆龄，你为什么不高兴啊？"小庆龄坚定地说："今天上午，我哪儿也不去了！"爸爸惊讶地问："为什么？"小庆龄便告诉爸爸妈妈，小珍今天约她教小珍叠花篮。爸爸听了不以为然地说："唉，过几天学也可以嘛！明天见到她，向她解释一下不就可以了吗？"小庆龄想了想说："不，你们去吧，我在家里等小珍，我不能失信。"

爸爸没办法，为难地问妈妈："我们的罗莎蒙德（宋庆龄的英文名字）好认真哩！你看怎么办？"妈妈在中学当老师，她瞧瞧女儿说："就依罗莎蒙德自己的意愿吧，孩子是对的。中国不是有句格言叫'言必信，行必果'嘛！"爸爸被说服了，同意小庆龄留在家中。

小庆龄回到书房复习功课。9点、10点……她耐心地等待着自己的同学。11点了，小珍还没有来。中午了，小珍大概不会来了，小庆龄感到十分失望。

突然，门开了。小庆龄急忙抬起头来。"罗莎蒙德，亲爱的女儿……"原来是爸爸妈妈回来了。小庆龄跑过去拉着爸爸的手问："玩得好吗？""好极了，遗憾的是你没有去。"妈妈走过来问："你的朋友来了吗？""没有来。"小庆龄回答道。爸爸一跺脚，大声说："唉，早知道她不来，就不等她了！"没想到，小庆龄摇了摇头，慢慢地说："爸爸，你说的不对。她没来，我也要等。虽然没等到，但我心里却非常坦然！"

这就是宋庆龄幼年时期遵守诺言的故事。后来，她终生都要求自己恪守信用，决不食言。她的先生孙中山逝世后，她继承了孙中山的遗志，一生都在为实现孙中山的理想而奋斗，成为一位伟大的共产主义战士。

第三章

不屈不挠

柳下惠不惧免官

自尊自爱
——从不屈不挠到自强不息

　　柳下惠本姓姬，名获，字禽，是春秋时期鲁国人。

　　柳下惠是鲁孝公的后裔，被封在一个叫"柳下"的地方，"惠"则是他的谥号，所以后人称他为"柳下惠"。柳下惠被公认为中国柳姓的始祖。

　　柳下惠曾在鲁国担任士师。士师是掌管刑狱诉讼的官员。柳下惠为人刚正不阿，不会逢迎，因而得罪了权贵，接连3次被罢官。因为他道德高尚，学问渊博，名满天下，各国诸侯听说后，都争着以高官厚禄礼聘他，但都被他一一谢绝了。有人问他这是为什么，他回答道："如果我真的刚正不阿，到哪儿还不得让人罢官？如果我逢迎苟合，又何必离开父母之邦呢？"

　　这样一来，柳下惠的名气更大了。

　　有一年，齐国国君派人向鲁国国君索要鲁国的传世之宝——岑鼎。鲁庄公舍不得，却又怕得罪强大的齐国，便打算用一只假鼎冒充。但齐国的使者说："我们不相信你们，只相信以刚正不阿闻名天下的柳下惠。如果他说这只鼎是真的，我们才放心。"鲁庄公听了，只好派人去求柳下惠帮忙。柳下惠说："信誉是我一生唯一的珍宝，我如果说假话，那就是自毁珍宝。这样的事我怎么能干呢?"鲁庄公无可奈何，只得将真鼎送往齐国。

柳下惠退居柳下后，招收弟子，传授文化、礼仪，深受乡人爱戴。

柳下惠死后被葬在汶水之阳。他的坟墓历来受到人们的保护。秦始皇攻打齐国时，秦军路过柳下惠墓地，秦始皇下令说："有去柳下惠墓地采樵者，杀无赦。"

清光绪二十八年（1902年），泰安知县毛蜀云曾3次整修柳下惠的坟墓，在四周立上了界石。为了防止汶水冲蚀，还在坟墓的南、西、北三面筑上土堤，在坟墓的东南垒石坝30丈加以保护，并植杨柳千株，人称"碧玉千树，青丝万条"，为泰安一景。

孟子非常推崇柳下惠，把柳下惠和伯夷、伊尹、孔子并称为"四大圣人"。他认为柳下惠不因为君主不圣明而感到羞耻，不因官职卑微而辞官不做；身居高位时不忘推举贤能的人，被遗忘在民间时也没有怨气；贫穷困顿时不忧愁，与乡下百姓相处也会觉得很愉快；和任何人相处自己都能保持不受不良影响。了解了柳下惠为人处世的态度后，原来心胸狭隘的人会变得宽容大度，原来刻薄的人会变得老实厚道。因此，孟子认为，像柳下惠这样刚正不阿的圣人，是可以成为百世之师的。

董宣硬颈震京城

东汉初年，在京城洛阳，有位被人称为"强项令"的行政长官，他就是廉正刚直、宁折不弯的"硬脖子"董宣。

东汉建都洛阳后，许多皇亲国戚、功臣显贵居功自傲，耀武扬威。其中，开国皇帝刘秀的姐姐湖阳公主更是目空一切，连续几任洛阳令都拿她没办法。刘秀本人对洛阳的治理也颇感头痛，最后，任命年近古稀、须发花白的董宣担任洛阳令，这年他已 69 岁。

开始时，京城的权贵们谁也没把这个"糟老头"放在眼里。一天，湖阳公主的恶仆在街上闲逛，因为一点小事和人发生口角，结果不由分说就把那人给杀了。董宣知道了这件事，就立刻下令逮捕那个恶仆。那恶仆知道惹了祸，就躲进湖阳公主的宫中不出来，董宣派人昼夜监视湖阳公主的住宅，并下令：只要恶仆一出来，立即逮捕。不久，监视的人回来报告说，犯人跟湖阳公主的马车一同出来了，只是公主在场，没办法下手。董宣一听，立即带人拦住了公主的马车。湖阳公主坐在车上，看着这个拦住自己马车的白胡子老头，傲慢地问道："你是什么人？竟敢拦本公主的车！"董宣上前施礼,恭敬地说:"小人是洛阳令董宣,有人报告杀人罪犯正藏在您的车队中,请公主把他交给小人。"那个恶仆在马队中感到不妙,赶紧钻进公主的车里,躲在公主身后。公主一听,小小的洛阳令竟毫不客气地向她要人,便不屑一顾地说:"你长了几个脑袋,敢拦我的车抓人,好大胆子!"看到湖阳公主这样蛮横,董宣猛地从腰中拔出宝剑,严厉地责问:"公主身为皇亲,为什么不守国法,庇护杀人凶手呢?"湖阳公主被董宣的凛然正气给镇住了,一时目瞪口呆,不知所措。董宣毫不犹豫一声令下,洛阳府衙的军士一拥而上,把那个恶仆从湖阳公主的车中拽了出来,当场斩首。

这下子可惹怒了湖阳公主,她不仅是失了个奴仆,更在光天化日之下丢了面子。她狠狠瞪了董宣一眼,调转车头直奔皇宫。见到刘秀,湖阳公主又哭又闹,非要让刘秀马上杀了董宣为自己出口恶气。刘秀听了湖阳公主的哭诉,便马上召董宣入宫,让卫士当着湖阳公主的面用鞭子抽打董宣。董宣面无惧色冲着刘秀大声说:"陛下不必如此,待臣把话讲明,死也无妨。"刘秀一脸不高兴地说:"你当众冲撞了我姐姐,罚你不应该吗?"董宣严肃地说:"陛下乃大汉朝的中兴之主,向来注重德行,您自己说过要用文教和法律来治国,现在公主在京城纵奴杀人,陛下不但不加管教,反而责打执法的臣下,国法还有没有用?日后谁还当这个洛阳令?现在臣说完了,陛下也不用打,臣现在就去死!"说完,他挺着脖子就朝殿上的大柱子撞去。两边的卫士来不及将他拉住,董宣早已撞得头破血流。刘秀早已被董宣的话打动,赶紧叫人将董宣死死抱住,并说:"董宣,你只要给公主磕个头,赔个不是就行了。"可董宣偏不妥协,他说自己没错,宁死也不磕这个头。刘秀想给姐姐一个台阶下,就让站在身后的内侍去按董宣的头,董宣就用两只手撑地,硬挺着脖子坚决不低头。内侍们被董宣的浩然正气所震动,看出刘秀只是想给公主个台阶下，所以按了几下就说："陛下，董宣的脖子太硬，实在按不下。"刘秀听了，情不自禁地笑出声来，随即挥了挥手，将董宣放了。

湖阳公主亲眼看完这惊心动魄的一幕，知道董宣舍身护法，连皇帝也不怕，并不是专门让自己丢面子，气也就消了一半。刘秀乘机劝服了湖阳公主，平息了这件事。

从此"强项令""硬脖子"的美名传遍了京城，权贵们顿时规矩多了。当时洛阳流传着一句民谣："枹鼓不鸣董少平。"意思是说，董宣当洛阳令，没人敢胡作非为，所以也就没人去府衙击鼓鸣冤了。

不畏权贵，舍命护法，"硬脖子"董宣留给后人多少启示啊！

袁涣拒辱前主

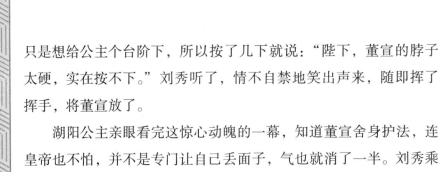

石可破也，而不可夺坚；丹可磨也，而不可夺赤。

——《吕氏春秋》

东汉末年，天下大乱，群雄混战。曹操、刘备、袁绍、袁术、吕布等都是群雄之一。名士袁涣曾追随过刘备，也跟过袁术，后来又成为吕布的手下。

袁涣，字曜卿，陈郡扶乐（今河南太康）人。当初，刘备担任豫州刺史时，特地举荐袁涣为茂才。茂才就是秀才。东汉时，为了避讳汉光武帝刘秀的名字，将秀才改为茂才，后来有时也称秀才为茂才。

那时，吕布和刘备是死敌，吕布见袁涣有学问，就命令袁涣写封信骂刘备。这对袁涣来说是一件极难的事，因为刘备曾是他的上司，而且对自己有恩，写信骂刘备在道义上是说不过去的，于是袁涣就推辞不写。吕布又让他写，他又推辞。吕布见他不写，气急败坏，抽出腰刀，威胁道："快写！如写便罢，如不写就杀了你。"袁涣笑道："我只听说过用道德去羞辱别人，没听说过用污言秽语去羞辱人。你可以骂他，但是假如他是个君子，那他会更加瞧不起你；假如他真像你说的那样，是个无耻的小人，他将用你骂他的话回复你，那么受辱的是你而不是他。再说，刘备曾经是我的上司，那时我对刘备就像现在对你一样忠诚！假如有一天，我们不再是上下级关系了，那时要是我写信骂你，你心里会好受吗？"吕布听了，收起了腰刀，没有杀他。

后来袁涣离开吕布，跟随曹操，做了郎中令。

那时，曹操和刘备也是死敌。有一天，忽然传来一个消息，说刘备死了。袁涣的同僚纷纷向曹操贺喜，只有袁涣没有去贺喜。曹操不但没有生气，反而更加敬重袁涣了。

后来，袁涣死时，连曹操这么刚强的人也哭了，特地赐给他家两千斛谷物，分成两份，一份上写着"以太仓谷千斛赐郎中令之家"，另一份上写着"以垣下谷千斛与曜卿家"。大家都不明白这是为什么。曹操解释道："太仓谷是公家给的，垣下谷是我给的。"

后来，曹丕听说当年袁涣拒绝为吕布写信骂刘备的事，就问袁涣的弟弟："你哥哥这人怎么样？"袁涣的弟弟回答说："他平时非常老实，但当他遇到与道义相关的事时，总是刚正不阿。"

满宠不畏权贵

满宠是山阳昌邑（今山东巨野）人，是三国时期魏国的著名将领。

满宠从小习文学武，是个文武全才。18 岁时，满宠开始在本郡担任督邮。

满宠担任督邮时，忠于职守，多次为百姓伸张正义。

当时，郡内李朔等人拥有部曲，为害百姓。太守命令满宠前去纠察，满宠立即率兵前往。李朔闻讯，大吃一惊。他知道满宠刚正不阿，绝不会轻饶他的，于是急忙率众前去请罪，并表示不再为害乡里。

不久，满宠因功代理高平县令。高平县人张苞担任郡中督邮时贪污受贿，干扰县中政务。满宠认为自己是百姓的父母官，不能坐视奸人横行，便派人将张苞逮捕，并进行拷问。

不料，张苞因受拷问，竟死在监狱中。满宠无可奈何，只得弃官而归。

初平三年（192 年），曹操率大军到兖州后，因耿直而远近闻名的满宠被他聘为从事。

建安元年（196年），曹操升任大将军，见满宠能独当一面，便让满宠担任许县县令。

当时，曹操堂弟曹洪担任将军，其亲戚依仗权势，在许县多次犯法，无一人敢过问。满宠不畏权贵，将这些犯法的人都逮捕起来，关入狱中。

曹洪闻讯后，写信给满宠，请求将这些人释放，满宠不听。

曹洪又上报曹操，请曹操出面解救。曹操前往许县，准备为曹洪说情。

满宠听说后，立即将犯罪的这些人全杀了。曹操知道后，没有发怒，反而高兴地说："这件事不正应该这样处理吗？"

建安二年（197年），太尉杨彪因与袁术联姻，引起曹操忌恨，便将其逮捕，准备以大逆罪将其处死，并令满宠进行审问。

杨彪是当时的名士，因婚姻之事被捕又着实冤枉，所以尚书令荀彧和少府孔融等人都来见满宠，为他说情，并嘱咐说："问一问就行了，千万不要用刑。"满宠知道曹操的为人，为了救杨彪，他在审讯中照旧用了刑。

几天后，满宠求见曹操进言道："臣已经拷问过杨彪了，并没有找到罪证。此人有名于海内，若无罪受罚，必大失民心，臣正在为明公担忧呢。"曹操一听，见已对杨彪用刑，自己也解了心头之恨，便下令将他释放了。

当初，荀彧和孔融听说满宠拷打杨彪，都发怒了。后来，听说杨彪因此而被释放，这才暗暗感激满宠。

天下模楷李膺

李膺，字元礼，东汉颍川襄城（今河南襄城）人。生于官宦之家，其祖父李修在东汉汉安帝时官至太尉，父李益曾做过赵国相。

李膺以孝廉出仕，他不善交际，很少交友，但所交之人皆为有志操的人士。李膺疾恶如仇，为官执法公正严明，那些仗势欺人、横行不法的官僚及其门人子弟都非常惧怕他，贪赃枉法的官吏更为他的威名所惧。李膺出仕后，受到当时任司徒的胡广的举荐，很快就升迁为高第，再出任为青州刺史。李膺到任时，只有任乐安太守的陈蕃因清正廉明、问心无愧而照常处理公务，其他人都因有劣迹，害怕李膺惩治，或告病在家，或弃官而去。

李膺也是一个很有军事指挥才能的人，他任护乌桓校尉时，鲜卑人屡次侵扰边境，李膺亲自率军迎击，每次都得胜而归。一次，李膺率军冲入敌阵，身先士卒，奋勇拼杀，身上多处被砍伤，但他全然不顾，擦干血迹继续作战，直到把敌人打得溃不成军，这次战斗杀敌上千人。此后，鲜卑人一听李膺的名字就望风而逃。

李膺做官，向来秉公办事，不徇私情，也不会讨好上级，所以结怨不少，屡次遭人中伤陷害，后来以莫须有的罪名被免官回乡。李膺回到家乡后，开始招收生徒，讲授经学，门生最多时达到千余人。然而，并非什么人都可以到他门下求学。一次，南阳人樊陵看重李膺的声望，前来拜师求学。但李膺一见他，交谈几句后便断定他是个专事阿谀、心术不正的小人，当即拒绝接纳。樊陵后来靠巴结讨好宦官飞黄腾达，官至太尉，但为有节操的志士所不齿。李膺因自己品德高尚、坚持正义而威名日重。虽然他已被免官，归乡闲居，但还是有不少人仰慕他的才德前来拜望他。有一个叫荀爽的人，把李膺看作自己心中的楷模，因而专程来到李膺家探望他，两人促膝长谈，昼夜不息。第二天早晨，李膺外出。荀爽不愿放过和李膺交谈的机会，就把李膺的车夫请下来，自己上车亲自为其驾车，两人边走边谈。李膺办事，他就在外面恭恭敬敬地等着。事毕他又驾车将李膺送回家，然后再回到自己的家里，还高兴地告诉家人和朋友们，他曾亲自为李膺驾车。天下人士追慕李膺，以他为楷模的情景由此可见一斑。

李膺在边关树起的威名经久不衰。永寿二年（156 年），鲜卑人侵扰云中（今内蒙古托克托东北）。汉桓帝听说李膺有才能镇守边关，便恢复了他的官职，并升任他为度辽将军。李膺到任前，羌人向西掳掠到疏勒、龟兹，多次攻掠张掖、酒泉、云中各郡，掳掠走不少百姓。李膺刚到边关复任，他们就立即将掳掠的百姓悉数送回到边关，可见李膺的威严影响之大，他的声名也远播在边境各少数民族人民之间。

延熹二年（159 年），李膺被调任河南尹，当地有一豪强，横行不法，搞得全郡鸡犬不宁。李膺上表请求对其治罪。但那豪强用钱财买通了宦官，又恶人先告状，反将李膺诬陷下狱。幸亏有一位叫应奉的官员上书陈述实情，李膺才得以获释出狱。

李膺任司隶校尉时，仍志节不改，一如既往地惩治贪官恶霸。当时宦官张让的弟弟张朔任野王（今河南沁阳）县令。他贪婪残暴，多行不法之事。一次，他看上一名姿色不错的妇人，便要强行将其抢夺回家，谁知那妇人已有身孕，因奋力反抗，导致早产，大量出血而死。张朔惧怕李膺治他的罪，事发后便跑到哥哥张让家中藏匿。张让虽然在朝中很有权势，但也惧怕李膺，于是便把张朔藏在其府的连接两间屋子的一根剖空的大柱子中间。李膺接到被害者家人的控告后，马上派人侦查。得知张朔藏在其兄张让家中，立刻带人前去搜查，最终从柱子中将张朔揪出，把他押回洛阳衙门中。审讯完毕便将其处死。张让知道后，马上向汉桓帝哭诉。汉桓帝召李膺上殿，责问他："为什么不报请朝廷就随便定罪杀人？"李膺回答说："古时候，王公贵族有罪，即便君主饶恕他，主管刑法的官员也要依据法律而行。孔子做鲁国司寇时，到任7天便杀了少正卯。现在臣到任已有10天了还不能惩治恶人，心里非常着急，没想到陛下还怪罪臣杀人杀得太快了。臣的确知道自己的罪责，但乞求陛下留臣5日，等臣把元凶惩处掉再治臣的罪，那时伏罪而死臣也心甘情愿了！"汉桓帝无言以对，只好任李膺处置张朔。但张让从此对李膺怀恨在心。延熹九年（166年），张让伙同其他宦官及其弟子诬告李膺交结太学游士，广揽诸郡生徒，结为朋党，诽谤朝廷，李膺因此入狱。与李膺有关系的多人，也被定为"党人"，前后收捕下狱。

由于李膺手中有很多宦官亲属行不法之事的把柄，所以他们又怕他在狱中将这些事说出去，便向汉桓帝说："现在天时不正常，应当大赦天下。"汉桓帝对宦官唯命是听，就宣布大赦。但赦免之人，终身不准再出来做官，这便是东汉第一次"党锢之祸"。李膺出狱后，只能归乡闲居，隐居不出。建宁二年（169年），曾打击过宦官势力的山阳督邮张俭被宦官诬告为有结党之罪而受追捕。受到牵连的"党人"竟扩大至600多人，李膺是其中之一，这就是东汉第二次"党锢之祸"。此时李膺已60多岁了，乡中有人听到这个消息后立刻赶来告诉他，并劝他暂避一时。然而李膺认为死生有命，不必东躲西藏，于是束手就擒，被捕入狱，最终悲惨地死于狱中。

李白蔑视权贵

安能摧眉折腰事权贵，使我不得开心颜！

——〔唐〕李白

李白，字太白，号青莲居士，又号"谪仙人"，祖籍陇西成纪（今甘肃静宁），隋末，其先人流寓碎叶城（在今吉尔吉斯斯坦首都比什凯克以东的托克马克市附近），4岁迁居四川绵州昌隆县（今四川江油）。他是唐朝伟大的浪漫主义诗人，被后人尊称为"诗仙"，与杜甫并称为"李杜"。

李白出生于盛唐时期，他一生游历了大半个中国。李白不愿应试做官，但其诗名远播，诗歌在当时已经唱响天下。他曾给当朝名士韩朝宗写过一篇《与韩荆州书》，以此自荐，可没有得到韩朝宗的回复。直到天宝元年（742年），因道士吴筠的推荐，被召至长安，供奉翰林，文章风采，名震天下。李白得到了入京的诏命，因为名声显赫和文才非凡，唐玄宗起初对他颇加礼遇，不仅请他吃饭，而且"亲手调羹"。但他仍保持着向往自由、蔑视权贵的性格，常常在长安市上游荡饮酒，有时酩酊大醉，需左右侍从用清水给他洗脸，才慢慢醒过来。有一次，他借着酒意，竟让备受唐玄宗宠爱的高力士给他脱靴。对此，高力士对他十分怨恨、恼怒。

杜甫《饮中八仙歌》里就有"李白一斗诗百篇，长安市上酒家眠。天子呼来不上船，自称臣是酒中仙"的奇句。在当时封建王朝复杂历史的背景下，李白又因才气为唐玄宗所赏识，后因不能容于权贵，在京仅三年，就弃官而去，仍然继续他那漂泊四方的流浪生活。安史之乱发生的第二年，他感愤时艰，曾任永王李璘的幕府。李璘与李亨发生了争夺帝位的斗争，李璘兵败之后，李白受牵连，被流放夜郎，途中遇赦。晚年他漂泊于东南一带，投奔当涂县县令李阳冰，不久即病卒。

宁死不低头的颜真卿

勇于断者，不随其似；明于分者，不混其施。
——《古今图书集成·学行典》

颜真卿，字清臣，京兆万年（今陕西西安）人，开元年间进士，任殿中侍御史，后出任平原太守，故世称"颜平原"。他还是我国历史上著名的书法家。他写的字雄浑刚健，挺拔有力，体现了他的刚强性格。后来，人们把他的字体称为"颜体"。

安史之乱后，唐王朝从强盛转向衰落。各地节度使乘机割据地盘，扩大兵力，造成了藩镇割据的局面。

建中三年（782 年），有 5 个藩镇将领叛乱，其中，淮西节度使李希烈兵势最强。他自称天下都元帅，向唐境进攻。五镇叛乱，使朝廷大为震惊。唐德宗找宰相卢杞商量，卢杞说："不要紧。只要派一位德高望重的大臣去劝导他们，用不着动一刀一枪，就能把叛乱平息下来。"

唐德宗问卢杞："你看派谁去合适？"卢杞推荐了年老的太子太师颜真卿，唐德宗马上同意。

颜真卿当时是一个很有威望的老臣。安史之乱前，他担任平原太守。安禄山发动叛乱后，河北各郡大都被叛军占领，只有平原城因为颜真卿坚决抵抗没有陷落。后来，他的堂兄颜杲卿在藁城起兵，河北十七郡响应，大家公推颜真卿为盟主。在抗击安史叛军中，他立了大功。唐代宗的时候，他被封为鲁郡公。所以，人们又称他"颜鲁公"。

颜真卿为人正直，常常被奸人诬陷排挤，只是因为他的威望高，一些奸人不得不表面上尊重他。宰相卢杞是个心狠手辣的人。他忌恨颜真卿，平时没法下手，这一回，趁藩镇叛乱的机会，派颜真卿去做劝导工作，是存心陷害他。

这时的颜真卿已经是 70 多岁的老人了。许多官员听说朝廷派他去劝导，都为他的安全担心。但是，颜真卿却不在乎，带了几个随从就到淮西去了。

李希烈听到颜真卿来了，想给他一个下马威。在见面的时候，李希烈叫他的部将和养子1000多人都聚集在厅堂内外。颜真卿刚刚开始宣读圣旨，那些人就冲了上来，个个手里拿着明晃晃的尖刀，围住颜真卿又是谩骂，又是威胁，摆出要杀他的架势。颜真卿毫不畏惧，面不改色，朝着他们冷笑。

李希烈假惺惺地站起来护住颜真卿，命令众部将和他的养子退下。接着，把颜真卿送到驿馆里，企图慢慢软化他。

过了几天，其余4个叛镇的头目都派使者来跟李希烈联络，劝李希烈即位称帝。李希烈大摆筵席招待他们，也请颜真卿参加。

叛镇派来的使者见到颜真卿来了，都向李希烈祝贺说："早就听闻颜太师德高望重，现在元帅将要即位称帝，正好太师在这里，不就有了现成的宰相吗？"

颜真卿扬起眉毛，朝着4个使者骂道："什么宰相不宰相！我都快80岁了，要杀要剐都不怕，难道会受你们的诱惑，怕你们的威胁吗？"

这4个使者被颜真卿凛然的神色吓住了，缩着脖子说不出话来。

李希烈拿颜真卿没办法，只好把他关起来，派兵士监视他。兵士们在院子里掘了一个一丈见方的土坑，扬言要把颜真卿活埋。第二天，李希烈来看他，颜真卿对李希烈说："生死有命，你何必玩弄这些花招？你把我一刀砍了，岂不痛快！"

过了一年，李希烈自称楚帝，又派部将逼颜真卿投降。兵士们在囚禁颜真卿的院子里堆起柴火，浇足了油，威胁颜真卿说："再不投降，就烧死你！"

颜真卿二话不说，就纵身往柴火跳去，叛将们连忙把他拦住，向李希烈汇报。

李希烈想尽办法，也没能使颜真卿屈服，最后派人逼迫颜真卿自杀了。

赵逵不惧秦桧

> 在没有开始履行自己的使命以前，要有钢铁般的意志和耐心，不要害怕险峻、漫长的几乎没有尽头的阶梯。

> ——〔俄国〕果戈理

赵逵在宋高宗绍兴年间举行的科举考试中，获得第一名。3年后依照惯例，被召为朝廷的校书郎，负责校对典籍。

此时，秦桧虽然年事已高，但依仗手中握有的大权，依旧为非作歹，坑害天下忠良，企图以此维持自己的威信。在秦桧的淫威下，士大夫阶层多敢怒不敢言。

秦桧一见赵逵仪表堂堂，举止得体，谈吐不凡，便想把他拉上贼船。他询问赵逵如今家在何处，赵逵说家人尚留在蜀中。秦桧问："为什么你的家人不和你一道到京师来呢？"赵逵回答道："不是不想到京城来，主要是手头困难，拿不出这笔路费。"秦桧一听，叫过一个属下，跟他耳语一番。过了一会儿，有人便拿来白银百两，对赵逵说："这是秦大人资助你的路费。"这大大出乎赵逵的意料，他严厉拒绝，说什么也不肯收下。

秦桧的属下见赵逵执意不收银子，便跟在他的身后，边走边

99

劝。赵逵的同僚也劝他万万不可违逆秦桧的意思，赵逵义正词严地说："身为士人，一丝一毫也不能拿。我岂能例外？难道你也认为冰山是可以依靠的吗？"同僚不好意思地低下了头，讪讪地走了。

秦桧的属下很无奈，只好回到秦府，但是不敢将赵逵拒收银子一事告诉秦桧，怕惹秦桧生气。过了些时日，他才将此事透露给秦桧。秦桧果然大怒："我要杀赵逵还不跟杀只狐狸、兔子一样？这小子到底是什么东西，居然敢这样对待我！"随即秦桧授意其爪牙知临安府曹泳罗织赵逵的罪名，企图将他置于死地。为了使阴谋顺利得逞，秦桧首先制造舆论，向宋高宗上疏说："近来，秘书省的官吏大多行为不检，不少人又与宫中内侍有勾结，图谋不端，臣准备察访此事。"岂料，阴谋尚未付诸实施，秦桧就一命呜呼了。

不久，宋高宗对赵逵的作为略有所知，便召见赵逵，提拔他为著作郎，并对他说："爱卿是朕提拔的，秦桧当时推荐士人，居然没有一句话提到你，正因如此，朕才知道你不依附权贵，这才是朕的好门生。"又说："朕的皇子们刚刚开始学诗，朕希望你能跟他们切磋一番。"宋高宗正是想以此来消除先前人们对赵逵的指责。

赵逵此前之所以未得召见，实际上是因为户部员外郎符行中想要把他的儿子推荐到朝廷做官，赵逵是主试官，符行中秘密写信让他予以关照。赵逵拿到信，只是在手里掂量了几下，根本没有启封。赵逵的操守由此可见一斑。

自尊自爱
——从不屈不挠到自强不息

宁死不降清的李定国

1649 年，清军调集大队兵马，向湖南、广西发动强大攻势。何腾蛟、瞿式耜先后殉国。南明永历王朝的两大台柱子都折断了。当此面临覆灭危机的时刻，忽然时来运转，柳暗花明。李定国领导的大西农民军主动与永历朝联合，担负起抗清复明的重任，在西南一带又继续战斗了 10 多年。

李定国，字鸿远。他是明末农民起义领袖张献忠手下的一员名将，又是张献忠 4 个义子中的老二，其余 3 个义子是孙可望、刘文秀、艾能奇。张献忠在西充牺牲之后，留下五六万起义军由孙可望和李定国率领，他们率大西军南下贵州、云南。清军南侵，大敌当前，孙可望和李定国将矛头对准清军。他们派人向南明皇帝永历帝建议，愿意联合抗清。这对于朝不保夕、岌岌可危的永历政权来说，当然是求之不得的好事。永历帝以为可以依靠大西军，便封孙可望为秦王。然而孙可望别有用心，他妄想把永历帝控制在手里，作福作威，独断专行，并不热心于抗清之事。

孙可望指挥起义军保护着永历帝先退到南宁，又退到贵州安

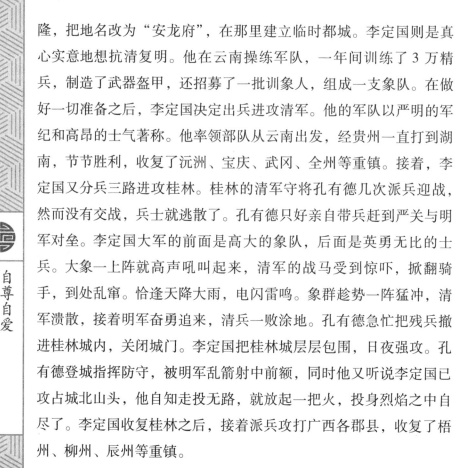

隆，把地名改为"安龙府"，在那里建立临时都城。李定国则是真心实意地想抗清复明。他在云南操练军队，一年间训练了3万精兵，制造了武器盔甲，还招募了一批训象人，组成一支象队。在做好一切准备之后，李定国决定出兵进攻清军。他的军队以严明的军纪和高昂的士气著称。他率领部队从云南出发，经贵州一直打到湖南，节节胜利，收复了沅洲、宝庆、武冈、全州等重镇。接着，李定国又分兵三路进攻桂林。桂林的清军守将孔有德几次派兵迎战，然而没有交战，兵士就逃散了。孔有德只好亲自带兵赶到严关与明军对垒。李定国大军的前面是高大的象队，后面是英勇无比的士兵。大象一上阵就高声吼叫起来，清军的战马受到惊吓，掀翻骑手，到处乱窜。恰逢天降大雨，电闪雷鸣。象群趁势一阵猛冲，清军溃散，接着明军奋勇追来，清兵一败涂地。孔有德急忙把残兵撤进桂林城内，关闭城门。李定国把桂林城层层包围，日夜强攻。孔有德登城指挥防守，被明军乱箭射中前额，同时他又听说李定国已攻占城北山头，他自知走投无路，就放起一把火，投身烈焰之中自尽了。李定国收复桂林之后，接着派兵攻打广西各郡县，收复了梧州、柳州、辰州等重镇。

1653年，李定国又带兵打下永州、衡州、长沙，逼近岳州。清廷大为震惊，急忙派敬谨亲王尼堪带兵15万南征。李定国得到消息，知道敌人来势凶猛，就主动从长沙撤出，在退到衡州的路上设下伏兵。尼堪的大军势如破竹，很快占领长沙、湘潭，又向衡州推进。在衡州城下，与李定国的军队遭遇。两军未战几回合，李定国佯装败走，尼堪率精锐骑兵紧追不舍，进入了大西军的埋伏圈。经过一场拼杀，清兵大败，尼堪也被当场杀死，李定国收兵屯驻武冈。

李定国转战云南、贵州、广西、湖南，连续攻下数十城，立下

自尊自爱
——从不屈不挠到自强不息

累累战功，永历帝封他为西宁王。这一切引起了孙可望的妒忌。他假意邀请李定国商量事情，想暗害李定国。李定国察觉出了他的意图，只好带兵离开湖南，回到广西。孙可望想提高自己的威望，也领兵到湖南攻打清军，结果却打了大败仗。孙可望野心勃勃，想逼迫永历帝让位于自己。他知道要实现这个目标，必须除掉李定国这个障碍。1657年，孙可望率兵14万进攻云南的李定国。自古以来，挑动内战都是不得人心的。孙可望手下的将士们，都恨透了他的分裂行为，双方一经交战，就纷纷倒戈，投向李定国一边。孙可望的军队迅速瓦解，他狼狈逃回贵阳，又遭到贵阳守将冯双礼的反对。他走投无路，就跑到湖南向经略洪承畴乞降。

南明政权经过孙可望的叛乱，力量大大削弱。1658年，清朝大将军洛讬自湖南、吴三桂自四川、卓布泰自广西，分三路大举进攻贵州，李定国也分兵三路进行阻击。然而寡不敌众，士气也大不如前，战事接连失利，不得不退回云南。李定国护卫着永历帝逃到永昌。

1659年，清军攻入云南。李定国派靳统武护卫永历帝逃往腾越。清军攻克永昌，横渡怒江，攀登磨盘山。李定国派部将窦民望、高文贵、王玺分兵设伏等待清军到来。清军进入埋伏圈，并向李定国的阵地发炮。伏兵四起，与清兵展开了肉搏，双方死伤惨重。窦民望被炮弹击穿肋下，血流如注，还持刀拼命厮杀，最后终于倒下。王玺也战死在阵地上。李定国在山巅指挥战斗，炮弹就坠落在他面前，掀起的泥土、石块将他全身覆盖。他从土堆里爬出来，指挥军队撤退。部队还未退到腾越，惊慌失措的永历帝已被几个亲信官员挟持，逃往缅甸去了。

李定国在云南和缅甸边界收集残部，打击清军。永历帝逃往缅甸后，在缅甸被软禁了起来。李定国与清军且战且走，最后也退入缅甸。他多次要求缅甸政府送回永历帝，都未得到满意的答复。他想用武力夺回永历帝，因为人地两疏，也未能如愿。1661 年 12 月，吴三桂带领清兵 10 万开进缅甸，逼缅甸政府交出了永历帝和太子后妃。清兵把他们押到昆明杀害了。李定国本想约请暹罗（今泰国）出兵进攻缅甸，夺回永历帝。当听到永历帝被害的消息后，他忧愤万分，最终病死军中。临死时他对自己的儿子和部将说："宁死荒外，毋得降清。"

夏明翰为革命视死如归

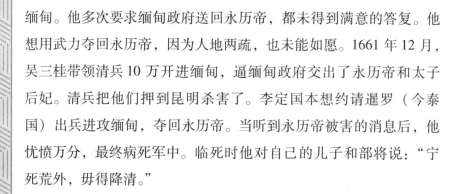

人固有一死，或重于泰山，或轻于鸿毛。

——〔汉〕司马迁

夏明翰，祖籍湖南衡阳。1928 年初任中共湖北省委常委。同年 3 月，由于叛徒宋若林出卖，他在武汉不幸被捕。国民党反动派把夏明翰关进监狱，给他戴上几十斤重的刑具，用尽种种刑罚折磨他，都没能从夏明翰口中得到任何情报。他们决定进行最后一次审讯。

主审的是国民党高级军官，他一脸杀气，恶狠狠地问："你姓什么？"

"姓冬。"

"胡说，你明明姓夏，为什么乱讲？"

104

"我是按照你们国民党反动派的逻辑讲话的，你们都是这样，把黑说成白，把天说成地，把杀人说成慈悲，把卖国说成爱国，我姓夏就当然应该说成冬！"

　　主审官一开始就碰了钉子，悻悻地继续问："多少岁？"

　　"我是共产党，共产党万万岁！"

　　"籍贯？"

　　"革命者四海为家，我们的籍贯是全世界，我相信世界总有这么一天，全世界的无产者将在共产党的领导下站起来，推翻你们这群吸血鬼的罪恶统治，捣毁你们的天堂！"

　　"这是什么话？"敌人慌了，故作威严地问，"夏明翰，你有没有宗教信仰？"

　　夏明翰扶了扶眼镜，不慌不忙地回答："我们共产党不信神，不信鬼，不像你们的蒋总司令，又当基督教徒，又当杀人刽子手！"

　　"那，你没有信仰喽？"

　　夏明翰凛然地回答说："怎么没有信仰？我信仰共产主义！"

　　主审官气急败坏地问道："湖北省委机关在哪里？省委常委都有哪些人？你究竟知不知道？"

　　夏明翰笑着说："我知道，都在我心里。"

　　主审官歇斯底里地吼叫道："夏明翰，你不怕杀头？"

　　夏明翰仰天大笑："砍头不要紧，只要主义真。杀了夏明翰，还有后来人！"

　　对于这样一位共产党人，敌人用尽心机也没有丝毫效果。他们使出了最后一招，宣布将他就地处决。

　　3月20日清晨，在武汉郊外的刑场上，夏明翰昂首挺立，用尽全身力气高呼："打倒国民党反动派！中国共产党万岁！""共产党人是杀不绝的！"最后大声说道："给我一张纸，一支笔。"等纸笔一拿来，他用戴着手铐的手握住笔，飞快地写下了一首正义凛然的就义诗："砍头不要紧，只要主义真。杀了夏明翰，还有后来人！"写毕向敌人喝道："开枪吧！"

夏明翰的就义诗连同他英雄的名字，永远铭刻在亿万中国人民的心中！

闻一多拍案而起

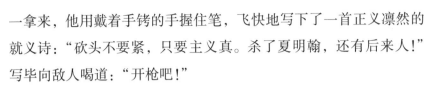

横眉冷对千夫指，俯首甘为孺子牛。

——鲁迅

闻一多是我国现代著名学者、爱国民主战士。在民族存亡、国家危急的紧要关头，他以天下为己任；以其正义，惩奸纠佞；以其才能竭诚贡献，成为后世敬仰、学习的楷模。

闻一多早年在北京清华学校乙班学习。1922年赴美留学，攻读美术、文学和戏剧。1925年回国后，在大学任教。1932年秋任清华大学国文系教授。抗战时期任西南联合大学国文系教授。闻一多在执教期间，潜心研究学问，发表了许多学术专著，是治学严谨、言行一致、受学生尊敬的著名学者。

闻一多本是一位专心业务的学者，不大过问政治。抗日战争全面爆发后，他毅然投身到抗日救亡的斗争中。1943年后，他目睹国民政府的独裁腐败和人民生活的痛苦，积极投身到争民主、反独裁的运动中去。1944年，闻一多加入中国民主同盟。1945年被选为中央执委兼民盟云南支部宣委、民主周刊社社长。

内战全面爆发后，在国民党反动派的高压反动政策下，昆明被一片白色恐怖笼罩着，但闻一多毫无畏惧，坚持民主斗争。1946年7月11日，"七君子"之一的李公朴遭特务狙击，次日凌晨身亡。闻一多赶到云南大学医院，抱着李公朴的遗体哭喊："公朴没有死！公朴没有死！"朋友们劝他暂避，以防不测。他坚定地表示："决不能向敌人示弱，如果李先生一死我们的工作就停了，我们将何以对死者，何以对人民？"7月15日下午，李公朴治丧委员会在云南大学至公堂举行，闻一多主持了大会。会上由于混入了国民党反动派，他们在李公朴夫人血泪控诉的过程中，说笑取闹，扰乱会场。李夫人讲述完后，闻一多忍无可忍，拍案而起，悲愤地发表了一篇演讲，这是他一生中最后一次讲演。

他在千余人面前痛斥了国民党反动派的无耻，坚定地表示了争取民主的决心："我们随时像李先生一样，前脚跨出大门，后脚就不准备再跨进大门！"会后，云大学生将他护送回西南联大教职员宿舍西仓坡2号民主周刊社。他同楚图南一起主持新闻记者招待会，报告李公朴被刺经过及李公朴生平。5点散会，5点40分由其长子闻立鹤伴随回宿舍，几分钟后，即在宿舍门口被数名特务狙击，当场遇难。这种空前残忍、丑恶、卑鄙的暗杀行为，使国民党反动派法西斯统治的狰狞面目暴露无遗。

闻一多、李公朴的被暗杀，激起了全国人民的愤怒，也促使对国民党反动派存有某种幻想的人们的觉悟。闻一多再一次用满腔热血唤醒了广大人民，激励更多的后来者，为自由、为民主进行不懈斗争，抛家殉命，死而后已。

陈赓怒斥蒋介石

1933 年，陈赓被捕不久后被押到南京进行严刑审讯。

当时，正在南昌指挥"围剿"红军的蒋介石，知道陈赓是黄埔军校第一期毕业生中的优秀人才，足智多谋，年轻有为，是难得的军事指挥官。于是，他命令南京政府的官员立即把陈赓押到南昌，他要亲自出马"迎接贵客"。

陈赓被押到南昌的第二天，蒋介石传令要在客厅"会见"他。蒋介石见陈赓蓬头垢面，衣衫褴褛，先"责骂"南京政府有眼不识泰山，未经他许可就随便用刑；后带有几分"歉疚"地关照陈赓的生活。

蒋介石觉得自己跟陈赓有着特殊的"缘分"。因为在第二次东征中，陈赓曾冒着危险救过他的性命。于是，他把这件事挂在嘴边，装作"知恩报恩，感激不尽"的样子。陈赓一眼就识破了蒋介石的用心，他坦率地说道："你想把我怎么样就直说吧，用不着转弯抹角。"

蒋介石笑了笑，把一杯茶递给陈赓，说道："你是校长的好学生，我很佩服你的才华。虽然你在政治上犯了错误，且看在我们过去的交情上，我还是能原谅你的。"

陈赓把脸转向一边，冷冷地答道："谢谢你的好意，不过，我并不需要你这种原谅。"

蒋介石感到很扫兴。停了片刻，他露出了真面目，递给陈赓一张纸，皮笑肉不笑地说："只要你肯写几个字，什么事都好商量……""写什么字？""自首……"陈赓猛地一把夺过蒋介石手中的纸，挥笔疾书，写下了"打倒蒋介石！打倒卖国贼！"等口号。蒋介石气得头昏脑涨，连声叫着："你这个态度，你这个态度……"然后命令卫兵把陈赓押下去。

一计不成，又生一计。过了几天，蒋介石又把陈赓"请"到自己的办公室，然后把卫兵支出去，满脸赔笑地给陈赓让座、倒茶，并为自己那天的"粗暴失礼"向陈赓道歉。陈赓没入座，冷冷地说："你不要逢场作戏了，你的一举一动、所作所为我都看透了，我希望你对我不要有任何幻想。"蒋介石又挨了当头一棒，感到很难堪。不过，他还是极力装作镇静："不要激动，不要激动，我……我看你还是当年咱们一块儿共事的脾气。今天我们谈点别的，谈点别的……"蒋介石说话带着浓重的浙江口音，结结巴巴地掩饰着自己的窘迫。他站起身来，在屋里来回踱着步子。僵持了一阵，他才说道："现在国家弄得这么糟，每天都有人在流血，中国不能这样沦陷……"陈赓当即打断蒋介石的话，义正词严地说道："这还用你说吗？谁造成的这种局面，中国人民心里有数。你不主张抗日，却发动内战，屠杀人民，难道这些不是你们国民党的责任吗？"蒋介石听完目瞪口呆，不知所措。

"你还年轻，前途无量啊。俗话说，'人生一世，草木一秋'。我劝你还是想开点……"蒋介石斜了陈赓一眼，接着又说，"你是个大将军，还穿着满身虱子的衣服，这多不体面啊！"陈赓答道：

"我陈赓天生和虱子有缘分，虱子是革命虫。"蒋介石又说道："草鞋总该换换吧？"陈赓又冷冷地答道："我就是个'草鞋将军'！"蒋介石被呛得半天没说出一句完整的话来。又僵持了一阵，蒋介石说："只要你肯过来，愿意带兵，我马上给你个师长，就是给你个军长，也是一句话……不愿意带兵嘛，也好，我可以给你个特务总队长干，只要你答应同我合作，这些都由你挑……"

陈赓再也按捺不住心中的怒火，"霍"地站起来，慷慨激昂地说："我一来不就跟你说了吗？我陈赓是中国共产党党员，决不做你的狗官。更不会像你一样卖国求荣，背叛革命，榨取人民的血汗，来供自己享受！你想让我叛变自首，哼！你打错了算盘！"蒋介石勃然大怒，拍案而起："放肆！你要这样不识抬举，可别怪我忘恩负义。来人！"卫兵们一拥而上，扭住了陈赓。蒋介石喊了声："慢！"他命令卫兵用枪口对准陈赓，凶相毕露地问道："说！你到底投不投降？"陈赓昂着头，以凛然不可侵犯的英雄气概，斩钉截铁地说："要打要杀都由你，我陈赓对你没二话！"

蒋介石恼羞成怒，暴跳如雷，但又无计可施，只好命令卫兵先将陈赓押回监狱。

方志敏的浩然气节

寒冬，一个颀长、英俊的中年人脚戴铁镣，身披臃肿的破棉大衣站在雪地里，一双坚毅的眼睛凝视着灰沉的天空，凝视着昏黄的大地，脸上呈现出视死如归的神情……他就是为了中华人民共和国成立作出突出贡献的英雄人物方志敏。

许多年过去了，一些往事随着时光的流逝而淡远，但方志敏烈士坚贞不屈、大义凛然的光辉形象，连同他在狱中写下的《可爱的中国》《清贫》《死！——共产主义的殉道者的记述》《狱中纪实》等不朽文著，却愈加清晰地留在人们的记忆里。

在中国革命的历史画卷中，英雄豪杰灿若星河。一个就义时才36岁、牺牲距今天已快90年的人，为什么能让人们这样长久地怀念他、记住他？是因为他超凡的才华，还是因为他曾是红军卓越领导人之一？这些都是，又不全是。方志敏烈士执着的理想信念，崇高的革命气节，廉洁的工作作风，已成为一面修正我们行为和灵魂的铜镜，并随着岁月的磨擦更现其光亮。这才是今天这个时代仍然怀念他的根本意义之所在。

1935 年 1 月，方志敏奉党中央之命，率部北上抗日，在皖南遭国民党军队的围堵，撤返赣东北途中，又被敌人的 14 个团围困于怀玉山区，因寡不敌众被俘。听说抓到了一个共产党的大官，欣喜若狂的敌人搜遍方志敏全身，想搜出些银圆和细软来，可从棉大衣的领子，一直摸到脚底，甚至把方志敏袜子的补丁都捏了几下，除了一只怀表和一支钢笔之外，一个铜板也没有搜出。大失所望的敌人还不甘心，他们挥舞着手榴弹，威吓地吼着、叫着，让方志敏把藏着的钱财拿出来。他们想，像方志敏这样的"大官"，随身怎么能不带着千儿八百的钞票呢！没有钞票，起码也有金戒指一类的东西吧！看着贪婪的敌人，方志敏淡淡一笑，轻蔑地说道："不要做出那难看的样子来吧！我确实一个铜板都没有，我们革命不是为了发财！"是他没有钱吗？不是。他经手的款项，总数超过百万元，但这些筹集而来的金钱，都一点一滴地用在了革命事业中，他从来没有拿着这些钱奢侈过。这与那些假公济私、贪婪无度之徒是多么鲜明的对照啊！

国民党为了劝降方志敏，不择手段地对他进行威逼利诱，一方面在生活上加以改善，另一方面物色了一批党政军委员，网罗了方志敏的几个同乡同学，轮流探监，假献殷勤，充当说客。有一次，国民党江西省党部的头子俞伯庆，亲自跑到狱中劝降。他说："蒋委员长很想重用你，你为什么不愿意早点出来呢？"方志敏听了嗤了一声，说道："蒋委员长是什么东西！"俞伯庆仍不放弃地说道："你们不是已经失败了吗？"方志敏严肃地说道："不！我们在军事上是暂时失败了，但在政治上并没有失败！而且，我可以告诉你们，我们永远也不会失败！"一无所获的敌人贼心不死，又叫军法处的副处长——一个典型的酷吏跑来告诉方志敏说："上面要重用你了！"方志敏觉得可笑，正言厉色地告诉他："我可以告诉你，共产党员都是深刻地信仰共产主义的。"敌人还在那里啰唆什么："'识时务者为俊杰'！随风转舵，是做人必要的本领！"方志敏皱着眉头，大声说："行了，你不要再讲下去了，我是不会做没有气节的人的！我生在世上的任务就是要和你们这群帝国主义的走狗、骑在人民头上的匪徒决斗的！"

方志敏以政治上的最大坚强保证了思想上的最大从容，用革命者冰清玉洁般的浩然气节打败了武装到牙齿的敌人的嚣张气焰，用革命的英雄主义精神在《死！——共产主义的殉道者的记述》一文中发出了气贯长虹的独白："抛弃自己原来的主义信仰，撕毁自己从前的斗争历史，訇的一声，跳入那暗沉沉的秽臭的污水潭里去，向他们入伙，与他们一块儿去抢，去掳，去刮，去榨，去出卖可爱的中国，去残杀无辜的工农；保住自己的头，让朋友的头，滚落下地；保住自己的血，让朋友的血，迸射出来。这可都能做下去？啊！啊！这若都能做下去，那还算是人?！是狗！是猪！是畜生！不，还是猪狗畜生不食的东西！无论如何，不能做那叛党叛阶级的事情，决不能做的……"这是一个共产党人用生命对自己信仰和尊严的捍卫，也是一个革命者留给历史的珍贵文献。人有才不难，有德也不难，难得的是德才兼备，而共产党内尽是些德才出众的人，是什么力量驱使着这些民族精英、时代骄子前赴后继，一往无前？是道德的力量，更是信仰的力量、真理的力量。因为共产主义的理想乃是全人类最高的理想！难怪敌人自愧不如地叹息道："我们怎么没有像方志敏这样的人才？"

身陷囹圄的方志敏置生死于度外，在国民党监狱严酷的斗争环境中，他的心中燃烧着不屈的信念，考虑的仍然是党的事业和革命的前途，对祖国和民族的未来充满信心。他在《在狱中致全体同志书》中写道："我们虽因狱中，但我们的脑中，仍是不断地思念着同志们的奋斗精神，总祈祷着你们的胜利和成功！我直到现在，革命热诚仍和从前一样。"他最感痛苦的，就是失去了为党努力的机会。面对着敌人的高墙电网，他还像一位热情而浪漫的画家，凝神运气，调动内功，深情地描绘着祖国未来的宏伟蓝图，他说："我相信，到那时，到处都是活跃的创造，到处都是日新月异的进步，欢歌将代替了悲叹，笑脸将代替了悲哀……明媚的花园，将代替了凄凉的荒地！"

当他预料到敌人快要对自己下毒手时，他拖着沉重的镣铐，给他无限眷念的世界留下了一个共产主义战士的最后遗言。他写道："敌人只能砍下我们的头颅，决不能动摇我们的信仰！因为我们信仰的主义，乃是宇宙的真理！为着共产主义牺牲，为着苏维埃流血，那是我们十分情愿的啊！""我十分憎恨地主，憎恨资本家，憎恨一切卖国军阀；我真诚地爱我阶级兄弟，爱我们的党，爱我中华民族。为着阶级和民族的解放，为着党的事业的成功，我毫不稀罕那华丽的大厦，却宁愿居住在卑陋潮湿的茅棚；不稀罕美味的西餐大菜，宁愿吞嚼刺口的苞粟和菜根；不稀罕舒服柔软的钢丝床，宁愿睡在猪栏狗窠似的住所……""我能舍弃一切，但是不能舍弃党、舍弃阶级、舍弃革命事业。"

1935 年 8 月 6 日，凶残的敌人在南昌秘密地将方志敏推向了刑场。临死前，他高呼"红军万岁！""苏维埃万岁！"的口号。敌人惊恐万分，慌忙地弄了一团棉花塞进方志敏的嘴里，又用一条白布把方志敏的嘴巴紧紧扎住，妄图堵住真理的声音。人民的好儿子方志敏为人民的解放事业流尽了最后一滴血。

"血染东南半壁红，忍将奇绩作奇功。文山去后南朝月，又照秦淮一叶枫。"这是叶剑英读完方志敏遗作《自述书》后写下的七绝，表达了他对英雄的缅怀和敬仰。当时许多人，包括一些著名的爱国民主人士，正是通过方志敏烈士一篇篇气壮山河的云锦文章，看到了共产党人的自信与乐观、坚定与博大、执着与追求；正是通过方志敏身上所体现的共产党人不屈信念和崇高气节，进一步认清了我们党为国家、为民族奋斗的根本性质与宗旨。

超越时空，我们感受到了先烈追求真理的心灵轨迹，感受到了白色恐怖的血腥与残暴，更深切地理解到共产党人的历史责任和铮铮铁骨，更深切地理解到一个共产党人用生命发出最后绝唱的真正价值。方志敏烈士用自己的生命作代价，发出的最后绝唱，像一支利箭射穿千里风雪，像一束阳光拨开乌云迷雾，走向精神的永恒与不朽。

至死不渝的瞿秋白

时危见臣节，世乱识忠良。

——〔宋〕鲍照

瞿秋白于 1899 年 1 月出生于江苏常州。青年时代，面对内忧外患的中国，他立志要"辟一条光明的路"，为救国救民奋斗献身。1922 年，他加入了中国共产党。

1935 年 2 月 24 日清晨，瞿秋白等人东渡了汀江后，不幸被当地反动武装保安团发现，激烈战斗后，他们一行人被打散，遭到敌人包围。瞿秋白、张亮、周月林躲藏在杂树丛中的山崖下，在敌人搜山时被捕，押回水口乡敌营部。

瞿秋白身份暴露后，被押送到汀州国民党36师师部关押。厦门通信的时事新报的通讯员赶到汀州，于6月4日早上8点采访了瞿秋白。看到瞿秋白正在那里伏桌刻石印，通讯员问他："先生此次被俘有何感想？"瞿秋白答："我到今日为止，为革命四处奔走，非常忙，曾想一度休息一下。今日的入狱没有在意想之外。"问："先生被捕以来的心境如何？"瞿秋白答："最近自己的心境非常安静，到今日的政治活动，身心都很疲惫，又加上早年吐血症，经常一个星期不能睡觉。"问："朱毛军西迁计划是如何的？"瞿秋白答："苏维埃区的军事计划是非常的秘密，我是个文人，有关军事没有听到多少"。问："杨之华现在在何处？"瞿秋白答："去年还在上海，可是去年6月通信后，再也没有的她的消息。"问："去年共产党在永定、龙岩一带之际，枪杀了不少知识分子，造成这种恐怖的政策如何？"瞿秋白答："这是社会民主党伪装成共产党，被发觉后，共产党捕获、枪杀了社民分子，绝不是屠杀知识分子。"问："以先生来看，此次共产党军队失败的原因是什么？"瞿秋白答："此次失败完全是'围剿'军采用的三分军事、七分政治的政策的成功。另外，碉堡的构筑、道路的修筑、物质的封锁也给苏区带来困难。"问："先生对共产主义抱有何感想？"瞿秋白只是喝酒，笑而无答。6月15日，瞿秋白去了新生活俱乐部，专心看报纸，看护士兵俨然在旁。看到记者后，微笑着点了点头，又继续认真地看报纸。17日，国民党电令就地将其处刑。18日上午8点，特务连连长廖祥光去往囚室，带出瞿秋白，在中山公园开始拍照，瞿秋白欣然应之。拍完照，廖祥光向瞿秋白出示枪决令。瞿秋白颔首豪语道："死是人生最大的休息"。廖祥光又问："先生有何遗言？"瞿秋白回："我想写一首诗。"瞿秋白遂提笔留下绝世之笔：

1935年6月17日晚，梦行小径中，夕阳明灭，寒流幽咽，如置仙境。翌日，读唐人诗，忽见"夕阳明灭乱山中"句，因集得《偶成》一首：夕阳明灭乱山中，落叶寒泉听不穷。已忍伶俜十年事，心持半偈万缘空。方欲录出，而毙命之令已下，甚可念也。秋白曾有句：眼底云烟过尽时，正我逍遥处。此非词谶，乃狱中言志耳。秋白绝笔。

瞿秋白提罢掷笔整衣，昂首信步中山公园凉亭前，在园中凉亭内，将一斤白酒饮尽。谈笑泰然自若，此时昂然的他又用俄语唱起了《国际歌》及红军的歌，歌声响亮，没有听到任何发颤的音调。唱罢，他缓缓走向刑场，手指夹着烟卷，态度镇静，到刑场后，昂首微笑盘膝坐在草地上，枪响后，瞿秋白饮弹绝命。

不屈服的向警予

> 公共的利益，人类的福利，可以使可憎的工作变为可贵，只有开明人士才能知道克服困难所需要的热忱。
>
> ——佚名

向警予，湖南溆浦人。她是中国无产阶级革命家、中国早期妇女运动的先驱和领袖。

1912年，为了寻求改造中国的"真学问"，17岁的向警予离开了家乡，来到长沙投考省立第一女子师范学校。1919年，她和蔡畅一道组织了"周南女子留法勤工俭学会"，会同蔡畅、蔡和森等人一起踏上了出国求学的万里征途。

1922年初，向警予加入中国共产党。7月，参加了党的第二次全国代表大会，当选为第一个女中央委员。1925年5月，任中共中央妇女部主任，亲手起草了一系列关于妇女运动的文件。1927年4月12日，蒋介石在上海发动反革命政变，疯狂地屠杀共产党人和工人群众。轰轰烈烈的大革命，面临着失败的危险。就在这样极其险恶的形势下，向警予来到了武汉，参加了党的第五次全国代表大会。会后，她被派到汉口市总工会宣传部担任领导工作。她以全部精力，投入到"打倒蒋介石"的宣传活动中去。她编写各种通俗易懂、生动有力的宣传资料，举办短期宣传骨干训练班，组织宣传队上街演讲，散发传单，张贴标语，教唱歌曲，呼喊口号。全市多支宣传队，走遍大街小巷，愤怒控诉蒋介石叛变革命的滔天罪行，号召人们团结起来，打倒蒋介石！

1928年3月20日，由于叛徒告密，向警予不幸被捕了。敌人一次又一次地提审她，她总是重复着一口咬定的"供词"，令敌人毫无办法。

4月6日，法国领事馆同国民党反动派达成一项秘密协议，将向警予引渡到武汉卫戍司令部军法处。一到卫戍司令部，向警予就被立即提审。她严辞拒绝了老奸巨滑的卫戍司令部秘书处处长的劝降以后，提审员气急败坏地喊："给我狠狠地打！"向警予说："我知道你们迟早会露出这副凶相的。"

在刑室里，向警予闭住双眼，咬紧牙关，忍住剧痛，一声不吭，心里只有一个念头：在这里也同样要战胜敌人。

在敌人的严刑毒打下，她挺着，挺着，挺着……

除了怒骂和痛斥，敌人什么也没有得到。

5月1日，向警予被押往江岸区余记里刑场。她不顾宪兵殴打、阻止，向沿途民众演讲，高唱《国际歌》。刽子手用石块塞她的嘴，用皮带抽她的脸，她口流鲜血，仍然高呼口号，直到英勇就义。

周以栗气节贯长虹

谁自尊，谁就会得到尊重！

——〔法国〕巴尔扎克

周以栗，湖南长沙人。他于长沙师范学校毕业，曾在周南女校等学校当教师。其间，周以栗认识了徐特立、何叔衡等，并通过他们认识了毛泽东，开始接受马克思主义。1924年，周以栗加入中国共产党。

1925年春，周以栗任国共合作的国民党湖南省党部第一届执行委员、省党部中共党团书记，参与统一战线和工农革命运动的领导工作。五卅运动发生后，周以栗是"青沪惨案湖南雪耻会"负责人之一，领导了长沙市的罢工、罢市、罢课和示威游行。1926年，周以栗任国民党湖南省党部组织部秘书、青年部部长，参与组织领导了轰轰烈烈的湖南农民运动。1927年初，根据党组织的指示，到武汉筹办国民党中央农民运动讲习所，后任农讲所教务主任。

1927年年底，周以栗任中共河南省委书记。在严峻的白色恐怖形势下，他临危不乱，大力恢复发展党的组织，领导发动农村武装暴动，在中原大地点燃了武装反抗国民党反动派的熊熊烈火。

1928年4月15日，周以栗在开封被捕。凶残的敌人用烧红的烙铁烙他的皮肉。周以栗被折磨得死去活来，遍体是烧烙的伤痕。但他宁死不屈，始终坚守共产党员的气节，严守党的机密。1930年1月，经党组织营救，周以栗获释出狱。

出狱后，周以栗任中共中央长江局军事部长，1930年9月到中央革命根据地。同年10月任红一方面军总前委委员、总政治部主任，参加了中央革命根据地第一、二次反"围剿"斗争。1931年6月，周以栗被增补为苏区中央局委员，担任中共闽赣边界工委书记。1931年11月，中华苏维埃共和国第一次全国工农兵代表大会在江西瑞金召开，周以栗被选为中央执行委员，并担任临时中央政府内务人民委员。同时，他还兼任红军总前委组织部长、红军中央军事政治学校政治部主任、临时中央政府机关报《红色中华》主笔等职。

1934年10月，中央红军长征，周以栗因病不能随大部队行动，党组织决定安排他去上海治病。11月，在转移途中被国民党军包围，突围时壮烈牺牲，年仅37岁。

第四章

自强不息

精卫填海

炎帝有一个女儿，名叫女娃。女娃机智聪明，活泼可爱。有一天，女娃独自划着小船到东海玩耍，突然，海上起了风暴，像山一样的海浪把小船打翻了，女娃被无情的大海吞没了，永远回不来了。炎帝知道消息后，陷入了无比的哀痛之中。

女娃死后，她的精魂化作了一只小鸟：花脑袋，白嘴壳，红脚爪，发出"精卫、精卫"的悲鸣。所以，人们又叫此鸟为"精卫"。

女娃虽然化作了精卫，但她想起自己是被无情的大海夺去了年轻的生命，便想找大海复仇。因此，她一刻不停地从她栖息的发鸠山上衔着小石子、小树枝，展翅高飞，一直飞到东海，然后把小石子或小树枝投入海中。她想，只有把东海填平了，它才不会兴风作浪。

大海奔腾着，咆哮着，嘲笑她："小鸟儿，算了吧，你这工作就算干一百万年，也休想把我填平。"

精卫在高空答复大海："哪怕是干上一千万年、一万万年，干到宇宙的尽头、世界的末日，我也要将你填平！"

"你为什么这么恨我呢?"

"因为你不仅夺去了我年轻的生命,将来还会夺去更多无辜的生命。我要永无休止地干下去,总有一天会把你填成平地。"

精卫衔呀,扔呀,成年累月,往复飞翔,从不停息。终于,有一天,在血红的残阳下,一只柔软的身体轻轻落下……

晏子使楚

晏婴,字仲,谥平,习惯上多称平仲,又称晏子,夷维(今山东莱州)人。春秋时期齐国著名的政治家、思想家、外交家。

晏子是齐国上大夫晏弱之子,以生活节俭,谦恭下士著称。齐灵公二十六年(公元前556年),晏弱病死,晏子继任为上大夫。历任齐灵公、齐庄公、齐景公三朝,辅政长达50余年。齐景公四十八年(公元前500年),晏子病逝。孔子曾赞美他:"救民百姓而不夸,行补三君而不有,晏子果君子也!"

晏子头脑机灵,能言善辩。内辅国政,屡谏齐王。对外,他既富有灵活性,又坚持原则性,出使他国从没让齐国受到侮辱,捍卫了齐国的国格和国威。司马迁非常推崇晏子,将其比为管仲。

晏子出使楚国。楚人知道晏子身材矮小，在大门的旁边开一个小洞请晏子进去。晏子不进去，说："出使狗国的人才从狗洞进去。今天我出使楚国，不应该从这个洞进去。"迎接宾客的人带晏子改从大门进去。

晏子拜见楚王。楚王说："齐国没有人可派吗？竟派你做使臣。"晏子严肃地回答说："齐国的都城临淄有七千多户人家，人们一起展开袖子，天就阴暗下来；一起挥洒汗水，就会汇成大雨；街上行人肩膀靠着肩膀，脚尖碰脚后跟，怎么能说没有人呢？"楚王说："既然这样，为什么会派你来出使呢？"晏子回答说："齐国根据不同的对象派遣使臣，贤能的人被派遣出使到贤能的君主那里，不肖的人被派遣出使到不肖的君主那里。我是最不肖的人，所以只好出使楚国了。"

晏子第二次出使楚国。楚王听到这消息，便对侍臣说："晏子是齐国善于辞令的人。我想羞辱他，用什么办法呢？"侍臣回答说："在他来到的时候，请允许我们捆绑一个人从大王面前走过。大王就问：'这人是哪个国家的？'我们就回答说：'齐国。'大王又问：'他犯了什么罪？'我们就回答说：'犯了偷窃罪。'"

晏子到了，楚王宴请晏子。当喝得正高兴的时候，两个官吏绑着一个人从楚王面前走过。楚王问："绑着的人是哪个国家的？"官吏回答说："齐国。"楚王又问："他犯了什么罪？"官吏答道："偷窃罪。"楚王瞟着晏子说："齐国人都善于偷窃吗？"晏子离开座位，回答说："我听说这样的事，橘子长在淮河以南结出的果实就是橘，长在淮河以北结出的果实就是酸枳，（橘和枳）它们的叶子的形状相似，果实味道却完全不同。这是什么原因呢？是水土不同。生活在齐国的人不偷盗，来到楚国就偷盗，难道楚国的水土会使百姓善盗吗？"楚王笑着说："不能同圣人开玩笑，我反而是自讨没趣了。"

韩幹临厩画马

韩幹是唐代的一位大画家，尤其以画马而闻名。

韩幹的父亲是个老羊倌，懂得一点绘画本领。每当韩幹与父亲一起放羊时，他便学着父亲的样子，拿着石子在地上画来画去。久而久之，他画的东西越来越形象、越来越逼真了。

为了能挣点钱拜师学画，在韩幹少年时期，父亲便把他送到了一家小酒馆去当伙计。这个活又苦又累。每天，酒馆里所有的杂活都要由韩幹去做，完事后，他还要替店主人给各处的主顾送酒。

每天晚上，累得直不起腰的韩幹乘主人休息后，便开始画自己的画，他住的那间堆放杂物的小屋里，油灯往往是燃到天明。

有一次，有人让他给当时的著名诗人、画家王维家里送酒。当韩幹挑着酒担找到王维家时，恰好王维不在家，他久等无聊，就用柴杆在地上胡乱画了些人和马。王维回家后看了他的画，觉得他很有绘画的才能，就鼓励他去学画，并且在经济上给他很大的帮助。从此，韩幹就离开了酒馆，跟当时的著名画家曹霸学画。经过十余

第四章

自强不息

年的刻苦学习，他的绘画艺术已有很深的造诣了。

唐玄宗听到他的名声后，便将他召入宫内作画，并要他向宫廷内的一位画马名家陈闳学习画马。但是他并没有照着做。唐玄宗问他原因，他回答说："小人有小人的老师，陛下马厩里的那些马就是小人的老师。"

他在唐玄宗的马厩里日夜观察，钻研各种马的共同点和不同点。长期的观察，使韩干对马的习性、神态都有了深刻的了解。他在马厩里一住就是几年。几年后，再看他笔下的马，可谓神骏、雄健、跃然欲动，连当时的画马名家都称赞说韩干超过了他们。

吴道子看蒸饼悟画

只要持续地努力，不懈地奋斗，就没有征服不了的东西。

——〔古罗马〕塞涅卡

吴道子是唐朝著名画家。他自幼孤贫，爱好学习。为了学习书法，他历尽千辛万苦，只身到浙江、江苏向书法家贺知章、张旭求教，未取得进步。后改学绘画，虽遍访名师，仍无成就。两次失败，使他有些心灰意冷。

一天，他来到一座寺庙，看见庙前有一位妇女在卖饼。她后面左右两边又各有一位妇女。左边的在和面做饼，右边的在用模具蒸烤。左右两人相距丈许。只见左边的妇女将面做成薄饼后，随手一扔，那饼滴溜溜地旋转着，不偏不倚正落在右边妇女的模具内。右边的妇女接饼后，一面烧火，一面翻饼。饼熟了，她用竹片一挑，那熟饼也飞起来，正好落在八尺外卖饼妇女的竹篮内。一块又一块，摞得整整齐齐。路过的人看了，无不拍手叫绝，抢着来买饼。

这情景，把吴道子看呆了，好一会儿才回过神来。他走上前，买了一块饼，随后问道："请问，飞饼的技艺有什么诀窍吗?"卖饼的妇女答道："这没有什么，只不过手熟罢了。天天烙，月月烙，日子长了，自然熟练了。"吴道子听了，顿觉豁然开朗，他领悟了一个道理：学习书法、绘画，也是同理，熟能生巧，功到自然成。

从那以后，他更加勤奋，见山画山，见水画水，见人描人，见树绘树。到了20岁时，他就成了远近闻名的画家。

但他不满足于现有成绩，还要拜师深造。远学南朝画家张僧繇，近学唐朝画家张孝师。

功夫不负有心人。刻苦学习之后，吴道子所画的人物，形姿雄劲，生动而有立体感。中年后，他的笔法变得更加遒劲、圆润。点画之间，时见缺落，有笔不周而意周之妙。后人因此把他和张僧繇并称为"疏体"代表画家。

吴道子在绘画上总是精益求精。他在长安、洛阳二地的寺观作壁画300余幅，无不是珍品。他所画人物的衣褶，飘飘欲举，后人称"吴带当风"。吴道子的山水画也自成一家，曾在大同殿墙壁上，画出嘉陵江300余里山水，大笔挥洒，一天就画完了。

吴道子在绘画上的艺术成就，对后世产生了很大影响，后人尊他为"画圣"。北宋的苏轼说："画至于吴道子，古今之变，天下之能事毕矣。"

吴道子持之以恒、熟能生巧的学画过程，对后人的启示也很大。

李贽老年更加勤奋

> 人，只要有一种信念，有所追求，什么艰苦都能忍受，什么环境也都能适应。
>
> ——丁玲

李贽，号卓吾，福建泉州晋江人。他是明朝一位富有战斗精神的思想家、文学家。

李贽幼小时，家境贫寒，但他刻苦好学。由于他治学认真，意志顽强，终于获得了渊博的学识。

李贽主张读书人要有"超然志气，求师问友于四方"。他到北京的时候，已经是个年迈老翁。听说澹园老人焦竑对《易经》很有研究，他就去拜访焦竑，说："您允许我作一个老门生吗？"焦竑比他小了15岁，听了这话非常感动，于是就和他结成了好友。李贽跟着焦竑学习《易经》，每天熟读一卦，直到深夜才肯休息。

经过3年的刻苦努力，李贽终于把《易经》中的六十四卦读通。

李贽59岁那年，把家人送回福建老家去，自己独自来到湖北麻城，靠朋友的帮助，在龙潭的芝佛院定居下来。照一般人看来，到了这个年龄，已经年老力衰、无所作为了。但李贽却正是从这个时候开始专心攻书，发愤著作。寺院里比较清静，食宿也不必发愁，李贽就朝夕苦读。从儒家经典到佛教经文，从史书到杂说，从诗词到曲赋，无所不读。他把读书当作最大享受，完全忘记了自己身在外乡，孤身一人，年岁已老。

在李贽70岁那年，他写了一首长诗《读书乐》，最末两句是"寸阴可惜，曷敢从容"。意思是说，每一寸光阴都是宝贵的，怎么能够随便放过呢？

白发苍苍的李贽，在芝佛院住了10多年。他每天手不释卷，伏案苦思，丹笔批书，墨笔著作，笔不停挥，写下了30多部著作。其中，最著名的两部书《焚书》和《藏书》公开向封建礼教和道学思想发出了挑战。人们称颂他写文章不循世俗之见，而是发表自己独到的见解，文章深刻、透彻、严肃，具有难能可贵的独创性和反抗精神。

盲人唐汝询刻苦治学

> 切莫垂头丧气，即使失去了一切，你还握有未来。
> ——〔英国〕王尔德

唐汝询，字仲言，松江华亭（今上海市松江区）人，是明末清初的著名诗人。

唐汝询出身于书香门第，家庭读书风气很盛。他长得眉清目秀，出生时双目并未失明。由于受家庭环境的熏陶，他3岁的时候就开始跟着哥哥读书认字了。但是，他在5岁那年感染了天花，经过抢救，虽然保住了生命，可他的两只眼睛却不幸失去了光明。从此，他再也看不见书，看不到世间的一切了。

失明之后，唐汝询的父亲和兄长便把他抱坐在膝盖上，教他读《诗经》和唐诗，唐汝询把听到的文章和诗歌一字一句地牢牢记在心里。

一个双目失明的人，要想记住许多文章和诗歌，自然是十分困难的事。唐汝询除了费尽心机死记硬背，同时也想出了一些办法帮助记忆。他仿照古时候人们使用过的结绳记事法，在几根粗细不一的绳子上面打上各种各样的结，把整篇文章和诗歌记录下来。他还用刀子在木板或竹竿上刻出各种各样的刀痕，用来记录文章和诗歌。当几个哥哥出去玩耍，没人念书给他听的时候，他就摸着绳结和刀痕，大声地朗读起来。

因为唐汝询肯用功，虽然双目失明，读的书却不比几个哥哥少，成绩也不比他们差。后来，他还学着作诗。他作诗的时候，如果有人在身边帮忙，他就大声把诗句念出来，让人帮他写在纸上。如果没人帮忙，他就依旧用结绳和刻刀痕的办法把诗记下来，等有人的时候，再把它翻译成文字，写在纸上。

由于刻苦读书，唐汝询在文学方面取得了可喜的成绩，一生写下了上千首诗，出了很多本诗集，如《编蓬集》《姑蔑集》等。同时，他还给一些深奥的唐诗作了注解，书名为《唐诗解》。这是他刻苦自励，不因双目失明而放弃学习，笃志读书，克服重重困难而取得的成就。

王贞仪"雄心胜丈夫"

> 天行健，君子以自强不息；地势坤，君子以厚德载物。
>
> ——《周易·乾·象》

清朝有位女天文学家、科学家，名叫王贞仪，她是我国科技史上的明星。

王贞仪出身于封建士大夫家庭。父母对她非常喜爱，而且管教甚严，使她从小就养成了酷爱学习的习惯。她学习不仅有钻劲，而且有韧劲，碰到什么问题，不弄懂、弄通决不罢休。她虽身居闺阁，但却胸怀宽广，壮志凌云，严以律己，刻苦治学。

还在十几岁的时候，王贞仪就对天文学产生了浓厚的兴趣。她不顾夏日炎炎的酷暑，或北风呼啸的严寒，坚持观察天象，考察风云的流动、星座的变幻、气温的升降以及湿度的高低。由于长年观测，她积累了许多第一手天文资料，获得了丰富的气象知识，较系统地掌握了四季气候变化的规律。对某些地区，特别是她家乡地区的气象预测，其准确率达到惊人的程度。

王贞仪既注重书本理论，又注重实践活动。有时，为了验证书本中的理论，她在自己的家里，因陋就简、创造条件，进行一项又一项科学实验活动。为了验证望月和月食的关系，对月食作出正确的解释，她反复实验，常在每月农历十五的晚上，在花园亭子间的正中放一圆桌当地球，在亭中梁上用绳子垂系一盏水晶灯当太阳，在桌旁放上大圆镜当月亮，一次又一次摆置、挪动、转移三者的方位，一次又一次地仰望明月星汉，冥思苦虑，反复琢磨，终于写出了很有价值的天文论著《月食解》。

特别可贵的是，王贞仪还提出，地球处在四面皆天的空间中，地球上任何地方的任何人所站的都是地，头顶的都是天。对宇宙空间来说，没有上、下、正、偏的区别。王贞仪的这个相对空间的理论，在当时是一个很有价值的科学发现，澄清了人们对地球的错误认识。

"人生学何穷，当知寸阴宝。"这是王贞仪的治学经验之谈。她随着父亲工作的变动，走遍大江南北、塞外关内。在旅途跋涉中，她也从不放松学习和考察。她曾写下了"足行万里书万卷，尝拟雄心胜丈夫"的著名诗句。但是，在"往往论学术，断不重女子"的封建社会里，她的凌云壮志和真才实学却毫无施展的机会。

王贞仪善诗会画，才华出众，除天文、气象外，对地理、数学和医学等多方面均有研究。她只活了 29 岁，在短短的一生中，却写下了包括文、赋、诗、词各种文体的文学著作《德风亭初集》20 卷，以及《星象图释》《筹算易知》《历算简存》等十多种科学论著。她还对别人的一些天文论著提出新的见解。不幸的是，她的科学成就当时没有受到人们的重视，甚至连她的亲属也不能理解她。王贞仪临终时，只得把自己的书稿转交给一位女性朋友保存。

华蘅芳自学成为数学家

> 如果我们被打败了，我们就只有再从头干起。
>
> ——〔德国〕恩格斯

清朝末年，江苏无锡出了一个著名的数学家，他的名字叫华蘅芳。

华蘅芳7岁的时候，鸦片战争爆发了。鸦片战争的炮声，使一些人的思想受到很大震动，他们逐渐意识到了学习先进科学技术的重要性。在华蘅芳幼小的心灵里，也发出了读"四书五经"到底有什么用的疑问。

少年华蘅芳立志要探求新知识。可是，当时整个中国没有一所传授新知识的学校，他到哪里去寻求新知识呢？只有自学。华蘅芳借来《算法统宗》，此书专门讲述中国珠算演算的算理和方法，共十七卷。他只借到一卷，却如获至宝，激起了他学习数学的兴趣，朝夕研读。

为了获得新知识，华蘅芳不畏艰难，在没有老师指导的情况下，硬是闯过了一个个难关，把这一卷《算法统宗》弄通了。这次学习，使华蘅芳尝到了学习算学的一些甜头。他觉得，在算学里边有深奥的学问。从此，他便把注意力集中在钻研算学上。

16 岁那年，华蘅芳偶然在父亲的乱书堆里发现一本画有各种图式的旧书，便好奇地拿起来翻阅。原来这是清朝以前刻印的一本中国古算书，缺头少尾，字迹模糊不清。即使这样，他也非常珍惜，终日废寝忘食，在房中苦心研读。只用了短短几个月时间，就领会了这本古算书残卷的全部内容。华蘅芳不仅掌握了古算学的珠算解题法，还领会了一些古算理。他觉得算学有明显的实际用途，更加坚定了他钻研算学的志向。

　　华蘅芳先后学习了《周髀算经》《九章算术》《孙子算经》《张丘建算经》等许多种中国古代算书。这么多书，又这么深奥，从何学起呢？华蘅芳决定抓住重点，各个击破，一个问题一个问题地解决，逐步攻下古代算学这个堡垒。从 16 岁到 19 岁，华蘅芳几乎足不出户，每天伏案沉思。对上自秦汉下至明清时期的中国古代大量算学著作，进行了比较全面、系统的学习和钻研，从中吸取了丰富的营养，向近代数学新的至高点攀登。

　　华蘅芳开始向近代数学探索，可是他再也找不到这类参考书了。正在他十分苦恼的时候，他听说上海有位数学家正同外国数学家伟烈亚力合作，翻译国外科学著作。这对华蘅芳来说，太有吸引力了。他急忙来到上海，借来了已经译出的《代微积拾级》手稿，在旅馆里逐字逐句抄录下来。他心里有说不出的愉悦，下决心一定要把这部外国算学著作的奥妙探索明白。

　　华蘅芳经过多年的探索，在吸取中国古代算学遗产的基础上，终于登上了世界近代数学的至高点，积跬步以至千里，成了当时中国著名的数学家。

女诗人李因苦学勤练

> 古之立大事者，不惟有超世之才，亦必有坚忍不拔之志。
>
> ——〔宋〕苏轼

在中国古代，著名的女诗人犹如凤毛麟角，屈指可数。那些有成就的女作家，大抵都要经过一番比男子更刻苦的努力，李因就是明朝后期一位苦学成名的女诗人。

李因出身于贫寒之家。在封建社会里，女孩子最要紧的是学会针线活和打扮自己，至于读书写字，除了富贵人家的小姐以此来消遣解闷外，穷人家的女儿是很少学习的。再说，女孩子也不能进学堂、赴场考试。李因从小就和别的女孩子不一样，她喜欢读书，不喜欢涂脂抹粉、打扮自己。只要一有空闲，就立刻抓紧时间读书写字，作诗绘画。

李因的家里很穷，买不起纸墨笔砚和灯油。为了学习，她想出许多办法来克服困难。她每天早上打扫房间的时候，总要先在积有灰尘的桌子上练一会儿字，然后才用抹布把灰尘擦掉。

秋天，树叶变黄凋落，李因就把叶子扫起来，一筐一筐地留着，当作写字用的纸。夏日的晚上，李因捉来许多萤火虫，把它们放在蚊帐里，依靠它们发出的亮光读书。

李因读书简直到了废寝忘食的地步。她的父母对她说："你这样不分白天黑夜地读书，迟早是要读出病来的。"李因总是说："不会的，真的不会的。"她母亲仍然不放心，规定她只许白天读书，一到天黑就督促她去睡觉。可是，李因在床上翻来覆去睡不着。

有一天，她突然想到一个办法。睡觉之前，把火炭事先埋在灶灰里，然后才去睡觉。等父母睡着以后，她掀开被子，悄悄地爬起来，轻手轻脚地摸到厨房里，把埋在灰里的火炭扒出来，带到自己的屋里，点燃蜡烛。

为了防止光线露出去，被家人发觉，她就用衣服、被子把窗户遮住，然后偷偷地读起书来。一直到疲倦的时候，才去睡觉。就这样神不知鬼不觉地夜读了很长时间，她十分高兴。

由于李因好学不倦，10岁时就能朗读《诗经》《尚书》，而且过目成诵，不漏一字。李因还从小养成了写读书笔记的习惯，每天都要写几千字的笔记，寒暑不辍。

李因17岁时嫁给了进士葛征奇做妾。出嫁那天，她陪嫁的东西是装满了几大箱子的书和读书笔记。

本来，在当时的那种条件下，女子结了婚以后，往往因生儿育女和繁重的家务而放弃自己的学业。李因却不是这样，结婚以后学习的兴趣仍然很浓，而且照样那样勤奋。

李因的丈夫因职务经常调动，李因也就常常跟着他到处奔波。在途中，李因不论是坐在船上，还是骑在驴背上，都随时随地抓紧时间读书作诗。她的诗集《竹笑轩吟草》和《续竹笑轩吟草》收入的260多首诗，大多数是在旅途中写的。

李因生长在封建社会里，那时候女子是没有什么地位的，尤其像李因这种家境贫寒、身为侍妾的人，更被人们所轻视。可是，由于李因刻苦读书，并获得了一定成就，人们很敬佩她。当时，她丈夫家乡的地方志上，为她作了传记，并把她的诗编成集子出版。

一定要争气的童第周

胜人者有力，自胜者强。

——〔春秋〕老子

　　童第周出生在浙江鄞县（今浙江宁波鄞州区）的一个小村子里，家庭条件十分贫困，没有钱进学校读书，只能在家里边做些农活，边跟父亲学点文化。直到 17 岁，才在二哥的帮助下，进了宁波师范预科班。可是第一学期考试成绩的平均分没有及格，学校让他退学或降级，经童第周再三请求，学校勉强答应试读半年。童第周发誓，一定要把成绩赶上去。童第周坚持顽强地学习，终于取得了好成绩。在进入上海复旦大学以后，他更加勤奋学习，临近毕业时，他已经成为生物系的高材生了。童第周认识到，世界上没有天才，天才是用劳动换来的。要攀登生物学的高峰，需要付出更艰苦的劳动。

　　1930 年，童第周在亲友们的资助下，远渡重洋，来到北欧比利时的首都——布鲁塞尔，在欧洲著名生物学者勃朗歇尔教授的指导下，研究胚胎学。当时，他发现有的外国留学生对中国人抱着一种藐视的态度，说中国人是弱国的国民。和他同住的一个外国学生，

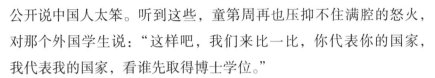

公开说中国人太笨。听到这些，童第周再也压抑不住满腔的怒火，对那个外国学生说："这样吧，我们来比一比，你代表你的国家，我代表我的国家，看谁先取得博士学位。"

童第周憋着一股气，在日记中写下了自己的誓言："中国人不是笨人，应该拿出东西来，为我们的民族争光！"

研究胚胎学，经常要做卵细胞膜的剥除手术。有一次做实验，教授要求学生们设法把青蛙卵膜剥下来，这是一项难度很大的实验，青蛙卵只有小米粒大小，外面紧紧地包着三层像蛋白一样的软膜，因为卵小膜薄，实验只能在显微镜下进行。许多学生都失败了，他们一剥开卵膜，就把青蛙卵也给撕破了。只有童第周一人不声不响地完成了这项实验。

布朗歇尔教授知道后，特地安排了一次观察实验，把学生们都找来观看。实验开始了，童第周不慌不忙地走到显微镜前，熟练地操作着。他像钟表工人那样细心，像绣花姑娘那样灵巧，像高明的外科医生那样一丝不苟。在显微镜下，他先用一根钢针在卵上刺了一个小洞，于是胀得圆滚滚的青蛙卵马上就松弛下来，变成扁圆形的，再用钢镊往两边轻轻一挑，青蛙卵的卵膜就从卵上顺利地脱落下来了。他干得又快又利落。

"成功了！成功了！"同学们涌上去祝贺，勃朗歇尔教授更是激动万分，这是他搞了几年也没有搞成的项目啊！他抑制不住内心的喜悦，连声称赞："童第周真行！中国人真行！"童第周剥除青蛙卵膜实验的成功，一下子震动了欧洲的生物界。4年之后，通过答辩，比利时的学术委员会决定授予童第周博士学位。在荣获学位的大会上，童第周激动地说："我是中国人，有人说中国人笨，我获得了贵国的博士学位，至少可以说明中国人绝不比别人笨。"在场的教授纷纷点头，有的还伸出大拇指。而那位外国学生却一篇论文也没有，更谈不上当博士了。

1937 年，抗日战争全面爆发，童第周谢绝了教授和同学们的挽留，毅然回到了灾难深重的祖国。他来到四川一个村镇教书。在紧张的教学中，他始终没有忘记搞科学研究。可是，这里没有科学仪器，连一架显微镜也没有，没办法继续开展胚胎学的研究工作。一次意外的发现给他带来了希望：在小镇的旧货摊上他看到了一架旧显微镜，但要价太高，当时他们夫妻俩掏尽了口袋还凑不足一半，又向别人借了一些，但还不够，最后只好把他们的衣服拿去典当，好不容易才买回这架旧显微镜。

有了显微镜，但没有所需要的灯光照明，还是不能进行操作。童第周夫妇只好把显微镜搬到室外，利用自然光线进行实验。冬天天寒地冻，他忘记了寒冷，聚精会神地工作着；夏天烈日当头，他热得汗流浃背，即使汗水滴在视镜上模糊了视线，童第周仍然坚持攻关。一般说来，每一个试验数据都要重复一到两次，而他往往要重复五六次。然而，就在这架老旧的显微镜下，在这低矮的小土屋里，童第周却撰写了一篇篇具有学术价值的论文，震惊了国内外生物界的学者。

1973 年，在周总理的亲切关怀下，童第周和他的伙伴们开始了细胞遗传学的研究工作。他在解剖显微镜下，用比绣花针还细的玻璃注射针，把从鲫鱼的卵细胞中取出来的遗传因子，注射到金鱼的受精卵中。金鱼的卵还没有小米粒大，做这样的实验该有多难啊！可是童第周成功了，孵化出的幼鱼中，有一条鱼披着金色的鳞片，长着鲫鱼那样的单尾巴，这说明鲫鱼的遗传基因已经在金鱼卵中发生了作用。因为这种鱼是童第周创造出来的，所以，人们叫它"童鱼"。童第周的实验成果，为生物学作出了巨大贡献。

1978 年，童第周光荣地加入了中国共产党，他虽已 76 岁高龄，却以年轻人的朝气继续投入工作。他亲手制订了科研项目规划，绘制了美好的蓝图。1979 年 3 月，在浙江科学大会的讲台上，过度劳累的童第周心脏病发作，晕倒在讲台上，从此一病不起。他为祖国科学事业的振兴，实践了他的誓言："愿效老牛，为国捐躯！"

岳飞苦读

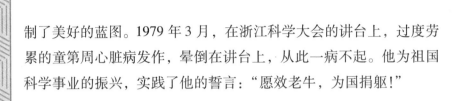

应该相信，自己是生活的强者。

——〔法国〕雨果

岳飞，字鹏举，相州汤阴（今河南汤阴）人。岳飞小时候家里因遭水灾，生活一贫如洗，全家依靠母亲做针线活、纺纱织布赚钱。

家境虽然贫寒，岳飞却酷爱读书。在母亲的教诲下，他白天上山拾柴时就抓紧空余时间读书写字；晚上没有油灯，就把白天拾来的枯柴，点燃照明诵读。没钱买纸笔，他就把路边的细沙弄回家铺平当纸，用树枝作笔，一笔一画地练习写字，写了一遍，抹平又写，反反复复从不厌倦。

岳飞很聪明，又很用功，贫穷砥砺了他的志气，学习启发了他的智慧。没过多久，他文采大进。母亲看到岳飞聪明敏锐，说不出的高兴，就把岳飞送到附近的私塾里，宁可自己省吃俭用，也要给岳飞交学费，让他到学校深造。岳飞得到了学习的机会，苦读了几年书，学问增长很多。

岳飞十几岁时，家里实在太穷，只得停止读书，到一个大地主家去干活。那时，尽管农活非常繁重，日子艰难困苦，但是岳飞从不放弃练武和读书。

白天劳动之余，夜间休息之时，他就读书写字，有时甚至通宵不眠。他有很强的记忆力，不论什么书看了就会背。他无书不读，尤其喜欢《左传》《孙子兵法》《吴子兵法》。岳飞通过勤奋苦读，练就了一手好文章。他写的文章，思想细致，分析精密，判断力很强。他作的诗词，意气豪迈，感情充沛。他还练就了一手好字，笔法纵逸，尤其擅长行书。

岳飞从小一边读书，一边练武。19 岁就能挽弓 300 斤、弩 8 石。后来，在周侗老先生和著名枪手陈广的传授下，成为武艺超群的人物。

20 岁那年，岳飞怀着抗击侵略者、收复中原的壮志从军，母亲在他背上刺了"精忠报国"的训词。后来，岳飞以自己的实际行动实现了这个誓言，成为南宋著名的军事家、战略家、抗金将领。

詹天佑少年漂洋留学

> 活着，要有自己的价值，要作为一个强者存在于这个世界。
>
> ——夏宁

詹天佑，祖籍安徽婺源（今属江西）人，是我国近代铁路工程先驱、杰出的铁路工程专家。

詹天佑出生在广东南海（今广州）一个普通茶商家里。父亲詹兴洪读过一些诗书，原本经营茶叶外贸生意，后经营失败，家境一落千丈。母亲陈氏焚香祈祷老天保佑孩子健康成长，于是夫妻俩给孩子起名叫"天佑"。

詹天佑8岁那年，进了南海县一所私塾读书。他天资聪慧，求知欲望强，但那些"四书五经"等传统教材并不能使他满足，他感兴趣的是工程、机械等新知识。他家里有一只闹钟，为什么闹钟能滴答滴答走个不停？为什么它能按时响铃？小天佑决心弄个明白。

一天，他趁家里大人不在，悄悄地把闹钟零件一个个地拆开，认真地琢磨零件的性能及相互关系，然后又一个个地按原样组装起来，终于弄清了闹钟的构造和原理。

1871年，清政府派中国第一个毕业于美国耶鲁大学的留学生容闳负责筹办幼童留洋预备班。10岁的詹天佑听说这一消息后，恳求父母让他去。由于家庭困难，父母正为孩子不能去广州求学而发愁，听说留学生的费用是朝廷出，才同意了孩子的请求。詹天佑从小勤奋学习，知识渊博，在选拔考试中成绩优异，名列前茅，被录取为第一批出国留学的预备生。

1872年8月，第一批留洋学生共30人登船出国了。11岁的詹天佑第一次乘坐轮船和火车，他对这些新奇玩意着了迷。可为什么中国不能制造呢？他锁着眉头，隐隐感到一种羞辱。"今后中国也要有火车、轮船！"学习科学技术，建设祖国的理想激励着少年詹天佑立志发奋求学。

詹天佑到达美国后，为了尽快掌握英语，他和同学们分散居住在美国人的家里。詹天佑学习英语进步很快。第二年，他考进了西海文小学。"学习，是为了救国！"詹天佑用功读书，不到3年就小

自尊自爱
——从不屈不挠到自强不息

学毕业了。1876 年，他以优异的成绩考进了纽海文中学。

从小就热爱自然科学的詹天佑进入中学后，特别喜欢数学、物理、化学等课程。课堂上，他认真听讲；课后，他广泛阅读参考书和科学知识读物。此外，他还主动找老师出些习题进行演算。他的数学成绩优异，数学老师诺索卜夫人特别器重他，鼓励他努力学习，将来做一名科学家。

1878 年，詹天佑以优异的成绩中学毕业，他牢记自己的誓言，考上了美国著名的耶鲁大学土木工程系，专攻铁路工程专业。在大学的 4 年中，他刻苦钻研，起早贪黑，每天把全部精力都用在学习上，并在大一、大二时获得数学奖学金。在大学毕业考试中，他的数学成绩得了第一名，学校颁发了奖状。他的毕业论文《码头起重机的研究》得到了教授的很高评价，获得了学士学位。

詹天佑 11 岁远涉重洋到美国留学，从小学一直读到大学毕业，约 10 年之久。这是他为建设中华而发奋学习的 10 年。

1881 年 7 月，詹天佑踏上了归国的路途。他怀着为中国人争气的雄心壮志，担任中国人自己修建的第一条铁路京张铁路的总指挥，从动工到通车只用了 4 年时间，比原计划提前两年完工，节约了 28 万两白银，在中国铁路史上写下了光辉的一章。

齐白石不教一日闲过

古人学问无遗力，少壮工夫老始成。

——〔宋〕陆游

现代书画家、篆刻家齐白石出生在湖南湘潭一个贫苦的农民家庭。因为家里生活困难，父母根本没有钱供他上学，齐白石9岁时就帮着家里挑水、种菜、砍柴、放牛。他曾跟外祖父学过小半部《论语》，识了不少字，放牛时，他常把书挂在牛角上，抽空自学下半部《论语》，遇到不认识的字，就趁放牛之便绕到外祖父家向外祖父请教。12岁那年，由于生活所迫，他开始学木工，外出谋生。

10多年过去后，25岁的齐白石越发感到读书的重要性，于是开始了艰苦的自学。他不仅学画，而且对写诗、书法和篆刻也很感兴趣。他学刻图章，没有钱买印泥、石头，就用蓖麻油调上石黄、章丹末代替印泥，利用家乡的础石块做石章，刻了磨平，磨平了再刻，房间的东边湿了，就移到西边继续刻；西边湿了，再移到东边。

这坚硬的础石磨砺了齐白石的意志，他的篆刻技术也在磨炼中不断长进，他治的印雄浑、洗练，独树一帜。渐渐地，他的篆刻技术达到了炉火纯青的境界。当时就有人称赞他说："白石刻印，其刀直下，长可寸许，深可半厘米，石不坚硬，立时崩裂，风驰电掣，顷刻而成。"

齐白石在学画过程中，既尊重先师，又不因袭先师。他40岁的时候，感到自己的作品缺乏个人风格，而出路就是从只讲形式不求传神的束缚中解放出来。于是，他开始游历祖国各地的名山大川，以扩大视野、开拓心胸。

57岁那年，老而弥壮的齐白石宣布要"变法"："余作画数十年，未称己意，从此决定大变，不欲人知，即饿死京华，公等勿怜，乃余或可自问快心时也。"这就是齐白石著名的"衰年变法"。通过"变法"，他的画技有了重大的提升。

齐白石以勤奋著称。自开始作画生涯起，他每天清晨4点起床，冬天也不超过6点，晚上9点前后入睡，从早到晚不是默坐构思，就是伏案挥毫。到了晚年，眼睛不行了，他戴着眼镜照样工作。有人给他作过统计，他平生只有几次大病和心情欠佳时没有作画，事后也总要补上。

有一次，因心情不好，齐白石停下画笔，第二天补画时题字道："昨日大风，未曾作画，今日作此补足之，不教一日闲过也。"由于他十分珍惜时间，齐白石从57岁到66岁，仅这10年间就作了1万多幅画，刻了3000多枚图章。

艺术创作上的杰出成就，使齐白石在国内外享有盛誉。他曾荣任中国美术家协会主席、北京中国画院名誉院长等。

老舍奋发写作

自尊自爱
——从不屈不挠到自强不息

老舍，原名舒庆春，字舍予，北京人，是我国著名的小说家、戏剧家。

老舍刚1岁时，八国联军攻打北京，父亲在侵略者的炮火下丧生。母亲拖着5个孩子靠给别人洗衣做活计养家度日。

老舍9岁那年，靠一位乐于行善的大叔资助才进了私塾，开始他的学生生活。后来他勤学苦读，考上了免费供给膳宿的北京师范学校。

1921年，老舍进英文夜校时认识了一位英国教授，又跟着这位教授补习英文。25岁时，他被推荐去伦敦大学亚非学院当讲师，教英国人学习中文和"四书"。他在伦敦先后和一位作家及一位翻译家住在一起。他看见他们不论白天夜晚，总是写个不停。一向爱好文学的老舍想，自己念过唐诗宋词，读过许多小说和新文艺作品，又能唱京戏、昆曲，也写过小说习作，满肚子的苦汁，何不吐出来？"我要大声呐喊！"他下定决心拿起笔，利用课余时间和假期，开始了小说的创作。

凡事开头难。尽管老舍过去也写过论文，写过讲演稿，可要正式写起小说来，并不那么容易。在远离故土的英国伦敦，他怀念祖国，思念家乡，回忆往事，创作的冲动激励着他勤奋苦练，边写边学。他想："十成不能则五成，五成不能则一成半成，灰心则半成皆无。生命断矣！"他还想："纸篓子是我的好朋友，常常往它里面扔弃废稿，就一定会有成功的那一天。"

终于，他熬了整整一年写出的第一本小说《老张的哲学》在国内发表了，他快活得要飞起来了。接着，他又写了3本小说。

1930年春回到祖国后，老舍获聘为齐鲁大学的教授。从这以后，他在教书的业余时间写作，每年寒假、暑假，是他写作的最佳时期，不管外界有多少诱惑，也不管条件有多么困难，他天天坚持写作。从开始写小说起，他一连10年都没有在夏天停止过写作。

有一年暑假，山东济南遇上了奇热，小孩整天哭号，吃不下奶；大人一个劲儿地喝水，吃不下饭。当时老舍正忙着写一本书。他坐在小桌前，左手挥扇打苍蝇，右手握笔写稿，汗不停地流着，不一会儿汗水就顺着手臂流到了写字的纸上，他便把毛巾垫在肘下当吸汗器，坚持写作。他规定自己每天必须写好2000字，否则决不罢休。

不久，老舍离开了教学岗位，成了专业作家，他更是夜以继日地写作。实在疲倦了，就朗读外文小说，调剂调剂精神。老舍的辛勤耕耘，果然结出了硕果。在山东7年间，他写了6部长篇小说、40篇短篇小说。

抗日战争期间，老舍又写了《四世同堂》等两部长篇小说、7部话剧，出版了一部长诗集、一部曲艺作品集、两部短篇小说集。中华人民共和国成立后，还写了《龙须沟》《茶馆》等24部话剧。

老舍是我国写作最勤快、作品最多、国内外享有盛名的作家之一。他的许多作品被翻译流传国外。老舍用他宝贵的生命和丰硕的作品，证实了他甘当人民"文牛"的高贵品质和高风亮节。他为祖国、为人民献出了自己的一切。

李清照夫妇苦研金石学

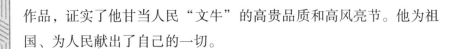

没有伟大的意志力，就不可能有雄才大略。

——〔法国〕巴尔扎克

宋朝的李清照和赵明诚是中国古代夫妻好学的典范。他俩志趣相投，精心研究金石艺术的故事，历来被传为佳话。

李清照是宋朝著名的女词人。她嫁给赵明诚时18岁，当时赵明诚还在太学里读书，家境很不宽裕，夫妻俩省吃俭用，过着俭朴的生活。他们两人都十分酷爱金石艺术，常常互相切磋，每逢初一、十五，太学放假，赵明诚总是拿些衣物到当铺去质押五六百文钱，步行到相国寺的书摊上，买几本有研究价值的金石碑刻，回家与李清照共同探讨。

两年以后，二人摸到了金石艺术的门径，就立志要"穷尽天下古文奇字"，一一加以研究。他们勤奋地临摹坊间不易见到的孤本书和金石拓片，生活克勤克俭，积下钱来购买名人书画和古玩奇器。

有一次，有个画贩知道李清照夫妇喜欢收藏书画，就拿了一幅南唐名画家徐熙的代表作《牡丹图》向他们兜售，要价20万钱。夫妻俩见画后如获至宝，先把画留下来，然后翻箱倒柜，估算家里可以典卖的一切衣服什物。可是估算了几个晚上也还是凑不足这笔钱，只好把画还给画贩。为此，夫妻相对惋惜不已。

后来，赵明诚考试及第，在青州和莱州一连做了两任太守，生活宽裕了些。于是，夫妻俩便大量搜集书画古玩，从中研究古文字的演变，订正古史中的谬误。

这以后，为了加快研究的进度，他俩不再像以前那样一个人说出一件古书上记载的事，另一个人说出这件事见于某书、某卷、第几页、第几行了，而是分头去研究。每当夜深时，这对夫妇常常是一方被劝回到床上休息后，劝人者却又坐到了桌前。

因为李清照夫妇如此勤奋努力，所以获得了丰硕的成果。几年以后，他们收藏的金石碑刻达到了2000卷，他们对每一卷都进行了系统的研究。最后，夫妻俩通力合作，分头整理，写成了在考古学上有着重大参考价值的《金石录》一书。

冼星海自制的"钢琴"

> 任何人都应该有自尊心、自信心、独立性，不然就是奴才。但自尊不是轻人，自信不是自满，独立不是孤立。
>
> ——徐特立

冼星海，祖籍广东番禺（今广州），现代著名作曲家，有"人民音乐家"之称。

冼星海生于澳门一个船工家庭。他从小就酷爱音乐，先后在岭南大学预科、北京艺术专门学校音乐系、上海国立音乐院及法国巴黎音乐学院学习音乐。1935年回国后，冼星海投身到抗日救亡音乐创作活动之中。1938年，他来到了革命圣地延安。1939年，他在鲁迅艺术文学院音乐系从事音乐教学和创作。当时，延安的条件特别差，鲁迅艺术文学院音乐系连一架钢琴都没有，这给冼星海的教学和创作带来了一定的困难。

延安的生活是很苦的，每人每月只发一点点边区票作为生活补贴。冼星海领到津贴后，一不买吃的，二不买用的，总是攒起来买各种各样大大小小的瓷器盆罐。他葫芦里到底卖的什么药呢？一天，一位同志指着冼星海床底下的一堆碗碟盆罐开玩笑地说："冼星海，你收罗这些玩意干啥？是不是将来用来冒充古董？"冼星海笑而不答。终于有一天，人们看到冼星海先是在房间里来回踱步，接着就把那盆盆罐罐统统搬了出来，用一根小小的指挥棒敲敲这个，敲敲那个，发出一阵"叮叮当当"杂乱无章的声响，慢慢地，这声响变成了一句句音乐语言。然后，他从墙上取下他心爱的也是唯一的乐器——一把旧的小提琴。由于配不到琴弦，他是不会轻易使用的。只见他熟练地调了一下琴弦，便拉了起来，拉了一会儿就趴在桌子上写着什么，写完又接着拉……终于，一支饱含民族激情、雄壮高昂的进行曲诞生了。

原来，冼星海是把这些瓦罐盆碟当"钢琴"使用的。一支支脍炙人口的名曲就在这奇特的"钢琴"上孕育出来了。《生产大合唱》《黄河大合唱》《到敌人后方去》《在太行山上》《游击军歌》等歌曲飞出了延安，飞向了全中国。这在当时，对全国抗日军民赶走侵略者解放全中国起到了巨大的鼓舞作用。

自尊自爱
——从不屈不挠到自强不息

自立自强的朱自清

> 大雪压青松，青松挺且直。
>
> ——陈毅

自
强
不
息

第四章

现代著名散文家、诗人朱自清，在散文、诗歌等文学创作方面造诣极深，写出了《荷塘月色》《背影》等许多饮誉中外、脍炙人口的优秀作品。

朱自清不仅是一名文学巨匠，而且还是一名充满民族气节的爱国志士，他宁可贫寒而死，也不接受有辱民族气节和有辱人格的施舍。

抗日战争时期，朱自清家里人口多，家境贫寒，生活十分困难，常常缺粮断火，揭不开锅，但朱自清宁可饿死也不为五斗米折腰。1942年春的一天，朱自清家里除了几块土豆、半筐野菜和米糠之外，仅剩下一点点大米了，为了让老人和孩子们吃，朱自清已两天没有吃饭了，饿得头昏眼花，拿起笔后手直颤抖，有时实在忍不住了，就喝几口凉水。正在饥饿难熬之际，朱自清的一位远房亲戚送来了三斗米和几块大洋，朱自清的妻子看到钱粮，高兴万分，说："这下可好了，可以对付几天了。"这时，在一旁写作的朱自清感到十分诧异，心想："这个人虽然是远房亲戚，但从未交往过，听说他在日军中当翻译。"朱自清问："我很感谢你，你有事需要我帮忙吗?"那个亲戚低声细语地说:"日本人让您不要再在报界攻击他们了,这是一点心意。"朱自清听后,像受到莫大的侮辱,怒不可遏,大声地骂道:"日本人占我土地,烧我民房,杀我同胞,不让说话,办不到,你这汉奸,滚!"朱自清将这位远房亲戚提来的米和大洋甩出门外,"大丈夫不吃卖国粮"。从此,朱自清为家里定下一条规矩:有损国格人格的事,坚决不干。

1945 年,朱自清家境更加清苦了,虽然他每月都有薪水,但物价飞涨,那点钱仅够买 3 袋面粉,远远不够全家十多口人吃,况且朱自清又患了严重的胃病,也无钱救治,脸色蜡黄,骨瘦如柴。有人劝他说:"你不骂日本人,就能领到救济粮呀!""我宁可饿死、病死,也不接受这种侮辱性施舍。"朱自清凭着他那爱国热情和可贵的民族气节,握着他那支犀利的笔不停地写文章,谴责日本侵略者的罪行。

1946 年夏季的一天,著名学者吴晗急匆匆地来到朱自清的住所,兴冲冲地说:"我找你签名来了。"他看着吴晗,问道:"签什么名?"吴晗展开折叠的大纸,只见抬头有一行醒目的大字:抗议美国扶日政策并拒绝领美援面粉。朱自清只看了一眼,激动地说:"好,好!"便用颤抖的手拿起笔来。吴晗看见朱自清太贫困了,便凑过来说:"过去你一直拒收粮食,这次你……"朱自清推开吴晗的手,在宣言上一丝不苟地签上了自己的名字,并倡议所有知名人士签名。

吴晗走后,朱自清在日记中写道:"此事每月须损失 600 万法币,影响家中甚大,但余仍决心签名,因余等既反美扶日,自应直接由己身做起。"

后来,朱自清在贫困中病故。虽然他一身清贫地走了,但他不朽的作品、可贵的人格和刚直坚毅的民族气节留给了人们,他将激励着我们自立自强,永远坚守着忠贞的民族气节。